中等职业教育
精品教材

校园
安全教育

XIAOYUAN
ANQUAN JIAOYU

主编◎施　颖　陆泽恒　李辉全

中国人民大学出版社
·北京·

编 委 会

前　言

安全教育是学校教育的灵魂，它致力于对学生思想品德和人格素质的培养，体现着学校教育的基本目的，贯穿于德、智、体、美教育实践的各个方面，统领着整个学校的教育。安全教育对中学生的健康成长和学校工作的顺利开展起着导向作用，并且是其动力和保证。

中学生正值人生的春天，对他们开展安全教育，无疑是在生命中播下平安的种子。俗话说，“春种一粒籽，秋收万颗粮”。所以要想切实提高全民的安全素质，抓好中学生安全教育就显得尤为重要。

首先，加强中学生安全教育，可以提高中学生的自我防护能力。通过安全教育，使中学生基本上做到“三懂”“三会”，即懂得各种不安全因素的危险性，增强安全意识；懂得各种危险、危害形成的原理，注意了解各种安全事项的细节；懂得预防各种危险、危害，积极开展安全宣传活动。学会报警求助；学会预防危险；学会自护自救。

其次，加强中学生安全教育，是向全社会普及安全知识的一个重要环节。每个学生身后都有一个关心、爱护着他的家庭，每个家庭又是构成社会的基本单元，因此，面向中学生的安全教育工作可以从校园拓展到家庭和全社会，从而推动全社会安全意识和防范能力的提高。学校的安全教育工作做好了，就能达到“教育一个学生，带动一个家庭，影响整个社会”的目的。

最后，加强中学生安全教育，可以培养专业的后备安全防范队伍。通过良好的安全教育，让中学生认识到安全防范工作的重要性，认识到安全防范事业的崇高，为安全防范事业培养后备人才。

青少年是祖国的未来、民族的希望。今天是一个受到良好安全教育的中学生，明天必定是一个安全防范事业的热情支持者、参与者，也可能成为安全防范事业的骨干力量。

由于编者水平有限，编写时间比较仓促，书中难免有疏漏和不妥之处，恳请广大读者提出宝贵意见。

编　者

2021年4月

目 录

第一章 交通安全 …… 1

第一节 交通事故的特点和类型 …… 1
第二节 交通事故的预防 …… 3
第三节 交通事故的救助 …… 7

第二章 法制教育 …… 9

第一节 基本知识 …… 9
第二节 《中华人民共和国未成年人保护法》 …… 14
第三节 《中华人民共和国预防未成年人犯罪法》 …… 18

第三章 远离毒品 …… 22

第一节 毒品的概念和种类 …… 22
第二节 毒品的危害 …… 23
第三节 拒绝毒品，行动起来 …… 24

第四章 防艾滋病 …… 27

第一节 艾滋病与艾滋病病毒 …… 27
第二节 艾滋病的预防 …… 30

第五章　心理健康 …… 33

第一节　心理健康基础知识 …… 33
第二节　自我意识 …… 36
第三节　情绪调控 …… 38
第四节　人格发展 …… 41
第五节　人际关系 …… 44
第六节　压力应对 …… 46
第七节　危机干预 …… 51

第六章　防校园暴力 …… 56

第一节　校园暴力的分类 …… 56
第二节　校园暴力的危害 …… 60
第三节　应对校园暴力 …… 61
第四节　校园暴力的预防机制 …… 63

第七章　防诈骗 …… 70

第一节　诈骗的种类与特点 …… 70
第二节　诈骗的防范 …… 72
第三节　发现受骗后该做的事 …… 76

第八章　防食物中毒 …… 78

第一节　食物中毒的特征及类型 …… 78
第二节　食物中毒的预防 …… 80
第三节　食物中毒的救助 …… 81

第九章　防溺水 …… 83

第一节　溺水事故的特点和原因 …… 83

第二节　溺水事故的防范 …… 85
第三节　溺水事故的自救及急救 …… 86

第十章　防踩踏事故 …… 88

第一节　引起校园踩踏事故的原因 …… 88
第二节　如何预防和避免踩踏事故 …… 89

第十一章　防一氧化碳中毒 …… 92

第一节　一氧化碳中毒的表现 …… 92
第二节　一氧化碳中毒的预防及救助 …… 93

第十二章　防地震 …… 95

第一节　地震的特点和类型 …… 95
第二节　地震的预防 …… 96
第三节　地震的救助 …… 97

第十三章　防性侵害 …… 100

第一节　校园性侵害 …… 100
第二节　性侵害的预防 …… 100
第三节　性侵害发生后的处理 …… 102

第十四章　防网络安全问题 …… 104

第一节　网络安全问题的特点和类型 …… 104
第二节　网络安全问题的预防 …… 105
第三节　健康使用网络 …… 108

第十五章　防流行病 ………… 111

第一节　春季流行病的防治 ………… 111

第二节　夏季流行病的防治 ………… 112

第三节　秋季流行病的防治 ………… 114

第四节　冬季流行病的防治 ………… 115

附录　校园安全相关法律、法规 ………… 117

参考文献 ………… 119

第一章　交通安全

随着改革开放的不断深入，我国的经济和社会发生了翻天覆地的变化，与人民生活息息相关的“出行”也有了长足的发展，车辆的保有量剧增，道路交通管理逐步走向健全和完善的法制轨道。随之而来的是道路交通运输日趋繁忙，交通流量不断增大，但是，全民交通安全意识和交通法制观念不强，以致因交通违章造成的道路交通事故屡有发生，给人民的生命和财产安全带来了极大的危害，因此，认识和防范交通事故就成为当前我们的要务之一。

第一节　交通事故的特点和类型

根据 2004 年 5 月 1 日开始施行的《中华人民共和国道路交通安全法》（以下简称《道路交通安全法》）第一百一十九条第五项的规定：交通事故是指车辆在道路上因过错或者意外造成的人身伤亡或财产损失的事件。

一、交通事故的特点

经过对道路交通死亡事故进行统计分析发现，学生道路交通事故呈现以下特点：

（1）就事故发生的时间而言，周末、长假、寒暑假等节假日是交通事故的高发期。

（2）就事故对象而言，死亡的学生中，中学生、男生是发生事故的高危人群。

（3）就交通肇事车辆而言，土方车、集装箱车、摩托车等机动车辆肇事比例最高，而且危害性也最大。

（4）就交通工具而言，学生骑乘摩托车遭遇交通事故的比例最高。

（5）就交通肇事地点而言，国道、人车混杂的公路等机动车道是高危地带。

针对以上特点，同学们出行时可以采取有针对性的措施，避免引发交通事故和受到交通事故的伤害，保障自己的人身和财产安全。

二、交通事故的类型

从不同的角度、根据不同的划分方式，可以将交通事故划分为不同的类型。

（1）根据造成损害后果的程度，可以将交通事故划分为轻微事故、一般事故、重大事故和特大事故 4 类。

1）轻微事故是指一次造成轻伤 1 人或 2 人，或者财产损失中机动车事故不足 1 000 元、非机动车事故不足 200 元的事故。

2）一般事故是指一次造成重伤 1 人或 2 人，或者轻伤 3 人以上，或者财产损失不足 3 万元的事故。

3）重大事故是指一次造成死亡 1 人或 2 人，或者重伤 3 人以上 10 人以下，或者财产损失 3 万～6 万元的事故。

4）特大事故是指一次造成死亡 3 人以上；或者重伤 11 人以上；或者死亡 1 人，同时重伤 8 人以上；或者死亡 2 人，同时重伤 5 人以上；或者财产损失 6 万元以上的事故。

（2）根据交通事故的主体，可以将交通事故划分为车辆之间的交通事故和车辆与行人、乘车人之间的交通事故两类。

（3）根据事故发生的形态，可以将交通事故划分为具体形态的交通事故和其他形态的交通事故两类。同向或相向的碰撞、刮擦、碾压是造成交通死亡事故的主要形态。

另外，根据交通事故的侵害对象可以将交通事故划分为财产损失事故、人员伤亡事故和人员伤亡与财产损失混合的事故；根据交通事故的成因可以将交通事故划分为意外交通事故、过错交通事故和过错与意外的混合交通事故等类型，在此不再赘述。

第二节　交通事故的预防

众所周知，影响交通问题的主要因素是人。参与交通的主体是人，车辆靠人驾驶和保养，道路靠人修筑和维护，交通管理靠人实施和加强，交通环境靠人创造和改善，人在交通中的主体性是显而易见的。人人都是道路交通的参与者。良好的道路交通环境使每一个交通参与者获益，恶劣的道路交通环境使交通参与者受到威胁。良好的交通环境需要有较高法制观念和文明素质的交通参与者来共同营造。中学生每天上学和放学时，正是一天中道路交通最拥挤、车流量最大的时段，因此，同学们作为道路交通的主要参与者，更应该学习一些最基本的交通法律法规和交通安全常识，并在实际生活中遵守和运用以进行自我防范，从而既能保护自己的生命和财产安全，又能维护社会正常的道路交通秩序，这也是对中学生进行素质教育的一个重要方面。

一、基本常识

（一）红绿灯

同学们应自觉严格遵守信号灯的指示：红灯停、绿灯行，交通安全才有保证。

（二）汽车的制动特性

同学们首先必须明确一点：汽车不是一刹车就能停下的。因为驾驶员从发现危险后采取紧急刹车到汽车完全停住，需要制动停车过程和制动停车距离。制动停车过程有反应和制动两个阶段，因而制动停车距离也有反应距离和制动距离两段。

1. 反应阶段和反应距离

从驾驶员发现险情后判断要紧急刹车到采取紧急刹车措施，这个时间段叫反应阶段，此阶段刹车还没有生效，汽车还以原来的速度前进，这阶段汽车走过的距离叫反应距离。反应距离＝车速×反应时间。

2. 制动阶段和制动距离

刹车生效后，车轮被刹住了，但由于惯性的作用，汽车还得向前冲出一段距离才能完全停住，这个时间段就是制动阶段，此阶段汽车向前滑行的距离就叫制动距离。

驾驶员注意力的集中程度、反应速度，是空车还是重车，汽车的制动性能，路面是干还是湿、是砂石路还是柏油路、是上坡还是下坡，等等，这些条件的不同，使得反应距离和制动距离也不同。所以汽车临近时，切不要以为急穿马路不要紧，反正汽车会刹车。俗话说，“人行一尺，车行一丈，与车抢道，不死也伤”，就是这个道理。

（三）汽车信号灯的含义

汽车上装有各种车灯，这些灯的实用意义就是，汽车在进行不同的操作时，相应的车灯就会亮起，从而发出信号。比如汽车欲左转时，车尾左侧的转向灯会闪烁。同学们了解这些汽车信号灯的含义后，再遇到车灯亮起时，才能够会意并及时避让，从而避免交通事故的发生。

二、行人、车辆通行的基本原则

行人和车辆在道路上通行时必须遵守的基本原则包括：

（一）右边通行原则

我国机动车、非机动车和行人实行右边通行原则。右边通行是我国道路交通的基本原则。在国际上，一些国家或地区实行的是右边通行的制度，如美国、俄罗斯等；一些国家或地区实行的是左边通行的制度，如英国、日本等。规定右边通行还是左边通行是其他一切通行原则的前提。

（二）分道行驶原则

分道行驶原则也称各行其道原则或路权原则。机动车、非机动车、行人必须各行其道，才能确保道路通行秩序良好。

（三）优先权原则

优先权原则包括流向优先和交通工具种类优先。

1. 流向优先

直行车辆优先于转弯车辆；干道上行驶的车辆优先于支路上行驶的车辆；车辆行至无管制交叉路口时，只有在右侧无车辆驶入路口时才可通过。

2. 交通工具种类优先

火车和有轨电车在行驶时优先于其他一切交通工具；一切车辆在道内通行时优先于行人；紧急车辆如警车及护卫的车队、消防车、救护车、工程抢险车等优先于其他车辆；在人行横道内行走的行人优先于车辆。

（四）确保安全、畅通原则

车辆、行人应当依照交通信号灯的指示通行；遇有交通警察现场指挥时，应当依照交通警察的指挥通行；在没有交通信号灯的道路上，应当在确保安全、畅通的原则下通行。

三、走路应遵守的交通法规

同学们每天上学放学都要走路。走在繁忙的马路上，要怎样才能保证安全呢？简单讲就是：行人走人行道，过马路走人行横道。

但是，有些道路没有人行道、人行横道该怎么办呢？这时，走路时应尽量靠右侧行走，不要走车道中央；过马路时，有地下通道或过街天桥就走地下通道或过街天桥，如果没有地下通道和过街天桥，要“先看左、后看右”，看看有没有车辆通行，确信安全了，才可通过，不能在车辆临近时突然横穿马路或中途倒退、折返。

另外，《道路交通安全法》及其实施条例还规定了以下内容：

（1）不准穿越、倚坐人行道、车行道和铁道口的护栏，不准在车行道内坐卧、停留、嬉闹。道理很简单，因为这些行为既不文明，也给自身和他人的生命安全带来潜在的危险，是交通事故的隐患。

（2）不准在道路上使用滑板、旱冰鞋等滑行工具。这些滑行工具稳定性能差，道路上车来车往，稍有不慎就可能滑到车轮下，酿成惨剧。

（3）不准在道路上扒车、追车、强行拦车、抛物击车等，以免妨碍交通安全。

（4）走在马路上不要看书或做其他活动。大家都知道一心不能二用，一边走路一边看书或玩游戏机、听音乐、踢球等，不注意周围的路况，都是非常危险的。

总之，同学们在道路上行走的时候，要遵守各行其道原则，服从交通指挥，切不可无所顾忌地在道路中央随意行走，更不要在马路上打打闹闹、追逐嬉戏，车前不抢道、车后不随便乱插，这样才能保证道路的通畅和自身的安全。

四、乘车应遵守的交通法规

同学们在乘坐机动车时，有条件的，应系好安全带；如果站在公交车上或地铁车厢内，则应站稳扶好，以确保安全。

另外，为了保障乘车人的安全，保障道路交通的安全和畅通，《道路交通安全法》及其实施条例对乘坐机动车做出了明确的规定：

（1）为了维护交通站台的秩序，同时避免妨碍车道上正常行驶的车辆，乘车人要在站台和指定地点依次候车，不得在机动车道上拦乘车辆。不要影响行车秩序，以保障乘车人的安全。

（2）开关车门不得妨碍其他车辆和行人通行，在机动车道上不得从机动车左侧上下车。

（3）机动车行驶中不得干扰司机驾驶，不得将身体任何部位伸出窗外，不得跳车。

（4）乘坐两轮摩托车应当正向骑坐并戴头盔，不得乘坐轻便摩托车，未满 12 周岁的未成年人不得坐在摩托车的后座上。

（5）乘车时不得携带易燃易爆等危险物品，不得向车外抛洒物品。

（6）不要乘坐超员或超载的车辆。

（7）不得乘坐货运机动车的车厢。

总之，同学们乘车时不仅要讲文明、讲礼貌，更要守秩序、求安全。

五、骑车应遵守的交通法规

摩托车、自行车及其他非机动车虽较汽车易于驾驶，但稳定性差。在没有划分车道的道路上，机动车、非机动车和行人也不能混行。如果不按一定的规定行驶，也容易影响车辆的正常行驶和行人的正常行走，并给自身带来不安全因素，甚至可能与其他车辆、行人发生碰撞从而造成交通事故。为了保证安全行驶，《道路交通安全法》及其实施条例规定如下：

（1）未满 18 周岁的未成年人不得驾驶摩托车，不得在非机动车上加装机动装置。

（2）未满 12 周岁的未成年人不得在道路上骑自行车、三轮车。未满 16 周岁的未成年人不得在道路上驾驶电动自行车或残疾人机动轮椅车。

（3）骑车转弯前应当减速慢行，注意后面行驶的车辆，伸手示意，不得突然猛拐，并要让直行的车辆、行人优先通行。

（4）超越前车时不得妨碍被超越的车辆正常行驶，以避免发生碰撞。

（5）不得扶身并行，不得牵引、攀扶车辆或者被其他车辆牵引。

（6）不得双手离把或手中持物。因为这些都可能影响紧急避险的反应速度，易导致交通事故。

（7）不得互相追逐或者曲折竞驶。

（8）不得在道路上骑独轮车或骑两人以上骑行的自行车，不得在道路上学习驾驶非机动车。

（9）骑自行车时不得载人。

（10）驾驶非机动车在路段上横过机动车道时，应当下车推行，有人行横道或行人过街设施的，应当从人行横道或行人过街设施通过；没有或不便使用的，要在确认安全后直行通过。

（11）自行车、电动自行车、残疾人机动轮椅车载物，高度从地面起不得超过 1.5 米，宽度不得超出车把 15 厘米，长度前端不得超出前轮，后端不得超出车身 30 厘米。

总之，骑车上路除了要保证车况良好外，还要增强法制观念，遵守交通法规，维护交通秩序，保证交通安全。

第三节　交通事故的救助

交通事故是我们谁都不愿意看到的，但似乎又是不可避免的，下面为大家整理交通事故救援处理方法。

一、报警求助

当目击交通事故的发生时，同学们应该怎么办呢？

首先，要迅速报警。拨打报警电话 110 或交通事故报警电话 122。报警时要保持镇静，讲清楚地点和方位，最好能简述交通事故的基本情况，以便警察能迅速赶到现场，并及时采取相应的应对措施。如果有人受伤，要及时拨打急救中心电话 120。

其次，在警察到来之前要保护好现场，不要移动现场物品。如果遇到肇事车辆逃逸，作为目击者要尽可能记清逃逸车辆的车牌号、颜色、车型等特征，为警察提供线索。

二、自救

如果自己遭遇交通事故，该怎么办呢？

（1）应保持镇静，不要把脚伸到狭小的空间里，以免车辆撞击发生变形后卡住，阻碍逃生。

（2）发生车祸后，在无人救助的情况下要尽可能转移到安全地带，以免受到二次伤害。如果有通信工具，应在第一时间报警求助。移动通信设备没有信号时，可以拨打紧急呼叫电话 112，根据提示音转 110 或 120 进行求助。在等待救助的这段时间可以根据具体情况，尽可能地采取自救措施。

1）要保持镇定，不要过度紧张，针对伤势情况采取止血、包扎、固定等急救措施。

2）对暴露的伤口要尽量先用干净布覆盖，再进行包扎，以保护好伤口。

3）如有骨折要尽可能减少移动，或利用现有材料固定骨折部位，避免骨折断端刺伤皮肤、血管、内脏或其他部位。

（3）发生车祸后，如果没有通信工具，应利用现有的物品设置明显标志，以便引起过往行人、司机的注意，及时得到救助。如果是夜晚，还应根据情况尽可能转移到有照明或易被发现的位置。

三、救助途径

发生交通事故后的救助，要根据具体情况具体分析，便宜行事。若不幸遭遇车祸，最好还是委托专业人士（如律师）代为处理。如果因经济困难无力聘请律师，要及时向法律援助中心（一般设在司法局）申请法律援助。这里要注意的一点是：交通事故中涉及的刑事部分，也就是检察机关提起公诉的部分，不能进行调解（也就是通常所说的“私了”）；对交通事故中的民事部分，即有关赔偿的争议，当事人可以调解，也可以直接向法院提起民事诉讼。

第二章　法制教育

法制教育是新时期思想政治教育的一项重要、艰巨的任务。自党的十一届三中全会以来，特别是随着改革开放的不断深入，法制教育越来越显示出它在思想政治工作实践中的重要位置。要保持全社会有一个良好的政治、经济环境，就必须在坚持四项基本原则的同时，建立和健全社会主义法制。如此说来，进行法制教育、增强人们的法律意识、法制观念就显得十分迫切了。大力加强法制教育，使广大公民知法、懂法、守法，自觉规范自身行为和维护社会安定。

第一节　基本知识

从 1986 年至 2000 年，全国实施了三个五年普法规划。2018 年，“四五”普法在全国普遍展开。

2001 年，中共中央、国务院决定将我国现行宪法实施日（12 月 4 日）作为每年的全国法制宣传日。

一、未成年人及其权利和义务

（一）未成年人

“未成年人”这一概念是以年龄进行划分的，根据《未成年人保护法》第 2 条的规定，“未成年人是指未满十八周岁的公民”，该法对未成年人的年龄下限未做规定，也就是宣告人一出生就享有受保护的权利。

（二）少年

“少年”是指已满 14 周岁、不满 18 周岁的未成年人。

（三）青少年

“青少年”是一个笼统的、习惯性的称呼，既包括成年人，又包括未成年人，它不是法律上的概念。

（四）未成年人的权利

在我国，未成年人的权利主要包括 8 个方面的内容：

（1）政治权利；

（2）人身权利；

（3）受教育权利；

（4）个人财产所有权；

（5）继承权；

（6）社会经济权；

（7）诉讼权利；

（8）其他权利。

（五）未成年人应承担的义务

（1）维护国家统一和民族团结的义务；

（2）遵守宪法和法律、保守国家秘密、爱护公共财产、遵守劳动纪律、遵守公共秩序、尊重社会公德的义务；

（3）维护国家安全、荣誉和利益的义务；

（4）保卫祖国，依法服兵役的义务；

（5）受教育的义务。

二、了解违法、犯罪

（一）违法

违法，是法律行为的基本分类之一。它是指违反法律，不履行法律义务。从广义上讲，违法是指违反一切现行法律规范的行为，包括违反刑法、违反义务教育法等。违法行为又称为“非法行为”“不法行为”。从狭义上讲，所谓违法是指违反刑法以外法律的行为。我们通常所讲的未成年人的违法行为，主要是指《中华人民共和国预防未成年人犯罪法》中所规定的严重危害社会但尚不构成刑事处罚的严重不良行为，包括：纠集他人结伙滋事，扰乱治安；携带管制刀具，屡教不改；多次拦截殴打他人或者强行索要他人财物；传播淫秽的读物或者音像制品等；进行淫乱或者色情卖淫活动；多次偷窃；参与赌博，屡教不改；吸食、注射毒品；其他严重危害社会的行为。

那么对具有上述违法行为的未成年人应当如何处理呢？对违法行为较轻的未成年人，一般由其父母或者其监护人和学校相互配合，采取措施严加管教，也可以送工读学校进行矫治和接受教育。如果未成年人具有上述违法行为，且构成违反治安管理行为的，由公安机关依法予以治安处罚。对于不满 14 周岁或者情节特别轻微免予处罚的，可以予以训诫。

案例

一名 14 周岁的中学生将自己买来未喝的饮料打开装入老鼠药，而后放入附近一小学某教室的一张课桌抽屉里。第二天，坐在该课桌的小学生喝了这有毒的饮料后，很快就死了。这起案件被侦破后，该投毒的中学生后悔不已，他说自己不想害死人，以为小学生喝了只会拉肚子，但是严重的后果已经造成，该学生的后悔不能代替法律的惩罚。

根据《刑法》的规定，投毒致人重伤、死亡的处 10 年以上有期徒刑、无期徒刑或死刑。已满 14 周岁不满 16 周岁的人，犯故意杀人、故意伤害致人重伤或者死亡、强奸、抢劫、贩卖毒品、放火、爆炸、投放危险物质罪的，应当负刑事责任。

案例

刘某，15 周岁，初中辍学后，一直沉迷于游戏机，但父母不给钱，于是他就想到向同学下手。一天，刘某在学校操场玩时，看见原同学方某，他就走上前要方某给他钱，并威胁方某说："你以前跟别人打过架，被打的人叫我来拿医药费，我认识许多社会上的人，不给钱就叫人来打你。"方某很怕，将自己身上仅有的 5 元钱给了刘某。之后刘某陆续向方某要了 3 次钱，共计 60 余元。其中有一次，刘某逼方某带他到方某父亲那骗取了 30 元。最后一次，刘某逼方某拿 50 元，方某不给，刘某便将方某带到一偏僻地方，用玻璃刮方某的手掌，用烟头烫方某，并要求方某第二天中午把钱交到自己手中。在这种情况下，方某才将这件事告诉其父亲。方某父亲马上到公安机关报案，并配合公安人员将刘某抓获归案。刘某被判处有期徒刑 2 年 6 个月。

从这起案件的发生和发展看，一方面，刘某对违法和犯罪认识不清；另一方面，被害人方某也不懂得合法与违法犯罪的界限，以至于三番五次地被敲诈。从这起案件可以看出，未成年人懂得什么是违法和犯罪，对规范自己的行为和保护自己的合法权益是相当重要的。

（二）犯罪

我国《刑法》第 13 条规定：一切危害国家主权、领土完整和完全，分裂国家、颠覆人民民主专政和推翻社会主义制度，破坏社会秩序和经济秩序，侵犯国有财产或者劳动群众集体所有的财产，侵犯公民私人所有的财产，侵犯公民的人身权利、民主权利和其他权利，以及其他危害社会的行为，依照法律应当受刑罚处罚的，都是犯罪。但是情节轻微危害不大的，不认为是犯罪。犯罪具有 3 个方面的基本特征：

（1）犯罪是一种危害社会的行为，即犯罪具有社会危害性；

（2）犯罪是一种触犯刑律的行为，即犯罪具有刑事违法性；

（3）犯罪是一种应当受刑罚处罚的行为，即具有应受刑罚惩罚性。

未成年人犯罪，是未成年人危害社会、触犯刑律、应受刑罚处罚的行为。值得注意的是，我国《刑法》对于未成年人犯罪还做了年龄及犯罪行为种类上的限制。根据《刑法》第 17 条规定，已满 16 周岁的人犯罪，应当负刑事责任。已满 14 周岁不满 16 周岁的人，犯故意杀人、故意伤害致人重伤或者死亡、强奸、抢劫、贩卖毒品、放火、爆炸、投放危险物质罪的，应当负刑事责任。已满 12 周岁不满 14 周岁的人，犯故意杀人、故意伤害罪致人死亡，或者以特别残忍手段致人重伤造成严重残疾，情节恶劣，经最高人民检察院核准追诉的，应当负刑事责任。

这样规定是从我国的实际情况出发的，在我国，已满 16 周岁的人，因体力、智力已相当发展，并具有一定社会知识，已具有分辨是非善恶的能力，因此，应当要求他们对自己的一切犯罪行为负刑事责任。

已满 14 周岁不满 16 周岁的人，一般已具有事实上的识别能力，但由于年龄尚小，智力发育尚不够完善，缺乏社会知识，还不具有完全识别和控制自己行为的能力，因此，他们负刑事责任的范围应当受他们刑事责任能力的限制。

案例

林某，15 周岁，某日在一家游戏厅附近遇见阳阳，即向阳阳索要香烟，阳阳说没有，便进了游戏厅里，林某便觉得阳阳没有给他面子，就让另一人将阳阳叫出游戏厅又向他要烟，阳阳不给，林某便一拳朝阳阳腹部打去。当阳阳弓着身抱着肚子叫痛时，林某又用右肘击打他后脑，造成阳阳颅出血而死亡。此案例中的林某已满 14 周岁，实施的是故意伤害致人死亡的行为，属犯罪行为，构成故意伤害罪。根据《刑法》的规定，应承担刑事责任，被判处有期徒刑 8 年。

未成年人犯罪案件中，抢劫犯罪案件较多，而且多为团伙性的，未成年人对什么是抢劫犯罪和什么是一般的敲诈违法行为分辨不清，我国《刑法》第 263 条规定，以暴力胁迫或者其他方法抢劫公私财物的构成抢劫罪，构成该罪的关键在于是否当场使用暴力、胁迫（比如说“你不拿钱，我就打你”这样的言语威胁）或者其他方法，强行劫取公私财物。但劫取财物的多少并不是构成本罪的依据，而只是量刑的依据。

（三）违法和犯罪的处理

对依照《刑法》第 17 条前 3 款规定追究刑事责任的不满 18 周岁的人，应当从轻或者减轻处罚。因不满 16 周岁不予刑事处罚的，责令其父母或者其他监护人加以管教；在必要的时候，依法进行专门矫治教育。另外，依照我国《刑法》第 49 条的规定，犯罪时不满 18 周岁的人，不适用死刑。这些规定都是依据未成年人还在成长过程中，辨别是非的能力较弱，容易受外界影响，并且主观恶意不强，易于接受教育改造这一基本特点而制定的。

第二节 《中华人民共和国未成年人保护法》

1991 年 9 月 4 日，《中华人民共和国未成年人保护法》（以下简称《未成年人保护法》）由第七届全国人民代表大会常务委员会第二十一次会议通过。2006 年 12 月 29 日，第十届全国人民代表大会常务委员会第二十五次会议第一次修订。根据 2012 年 10 月 26 日第十一届全国人民代表大会常务委员会第二十九次会议《关于修改〈中华人民共和国未成年人保护法〉的决定》修正。2020 年 10 月 17 日，第十三届全国人民代表大会常务委员会第二十二次会议第二次修订，自 2021 年 6 月 1 日起施行。

一、家庭保护

家庭保护是指父母或其他监护人对未成年人进行的保护。这种保护包括在生活上的关心照顾和思想上的教育培养。家庭保护是对未成年人保护的重要环节，家庭保护的好坏直接影响着未成年人的成长。

案例

家住乡村的李某是一个 9 岁的女孩，因为家里穷，父母一直没有送她去上学。李某有个 7 岁的弟弟，父母将弟弟送进了学校。李某提出要和弟弟一起读书，父母却说：“女孩子读书有什么用，家里很困难，供不起两个孩子上学。”其实李某知道家里穷只是一个借口，最根本的原因是父母根深蒂固的重男轻女的思想，即使家里条件好了，父母也不会赞成李某去学校读书的。当地学校及教育部门发现后，多次做李某父母的工作。但李某父母认为让不让孩子上学是自己的事，与他人无关。

这个案例就涉及如何保护女性儿童、少年接受义务教育的法律问题。接受教育是公民全面发展的前提。我国法律明确规定男女平等，包括女童在内的未成年人都有接受教育的权利。但是，从全国范围看，仍有一些贫困地区的女性儿童被迫失学。国家、社会、学校和家庭要依法保障她们接受义务教育的权利。上面的案例就涉及家庭对孩子的保护问题。家庭是未成年人成长的摇篮。《未成年人保护法》对于家庭保护的措施的规定是详细的、具体的，除了规定父母或者监护人对未成年人的保护责任外，还规定了父母或者其他监护人在不履行监护职责或侵害未成年人的合法权益时，应当承担的责任。根据《未成年人保护法》第 16 条、第 17 条的规定，未成年人的父母或者其他监护人应当尊重未成年人受教育的权利，保障适龄未成年人依法接受并完成义务教育；不得放任或者迫使应当接受义务教育的未成年人失学、辍学。根据第 118 条的规定，未成年人的父母或者其他监护人不依法履行监护职责或者侵犯未成年人合法权益的，由其居住地的居民委员会、村民委员会予以劝诫、制止；情节严重的，居民委员会、村民委员会应当及时向公安机关报告。

公安机关接到报告或者公安机关、人民检察院、人民法院在办理案件过程中发现未成年人的父母或者其他监护人存在上述情形的，应当予以训诫，并可以责令其接受家庭教育指导。

上述案例中的李某的父亲由于不懂法律，侵害了李某的接受义务教育的权利，在当地政府、教育部门和学校的劝告下，醒悟过来，立即将李某送进了学校。

二、学校保护

学校保护是指有关的学校、幼儿园及其他教育机构依照我国《未成年人保护法》及其他有关法律、法规，对未成年学生和幼儿园儿童实施的专门保护。学校保护是未成年人保护的重要方面。学校作为教育机构，既有责任使在校学生接受良好的教育，又要保护学生在学校活动中的人身安全和健康，防止意外事件的发生。学校一定要时时刻刻注意安全工作。

（一）保护未成年人的受教育权

受教育权是宪法赋予每个公民包括未成年公民的一项基本权利，学校作为实施教育的专门机构，更有义务来保障未成年人接受教育。

《未成年人保护法》规定："学校应当尊重未成年学生的受教育权，不得随意开除未成年学生。"

（二）保证未成年人人身安全和健康

《未成年人保护法》第 35 条规定："学校、幼儿园应当建立安全管理制度，对未成年人进行安全教育，完善安保设施、配备安保人员，保障未成年人在校、在园期间的人身和财产安全。学校、幼儿园不得在危及未成年人人身安全、身心健康的校舍和其他设施、场所中进行教育教学活动。学校、幼儿园安排未成年人参加文化娱乐、社会实践等集体活动，应当保护未成年人的身心健康，防止发生人身伤害事故。"根据上述法律规定，学校有责任保护在校学生的生命健康安全。学校的义务不仅体现在平时的监管方面，也体现在确保校舍和其他教育设施的安全方面。

（三）保证未成年人全面发展

我国的教育方针是："教育必须为社会主义现代化建设服务，必须同生产劳动相结合，培养德、智、体等方面全面发展的社会主义事业的建设者和接班人。"让未成年人德、智、体全面发展，是各类学校工作的方向，也是每个受教育者的努力目标。德，是指要有正确的世界观，有高尚的品德和行为；智，是指能够比较全面地掌握所学的知识和技能，掌握建设祖国的本领；体，是指要有健康的体魄，能够适应社会主义建设的需要。这三方面是互相联系、缺一不可的。因此，国家教育部门对学校的课程设置做了明确的规定，学校除了进行语文、数学、物理、化学等文化课的教学外，还必须有思想品德课和音乐、体育、美术等课程，学校不得随意取消这些课程。

《未成年人保护法》对学校保护也规定得十分详细，第 25 条第 1 款规定："学校应当全面贯彻国家教育方针，坚持立德树人，实施素质教育，提高教育质量，注重培养未成年学生认知能力、合作能力、创新能力和实践能力，促进未成年学生全面发展。"第 26 条规定："幼儿园应当做好保育、教育工作，遵循幼儿身心发展规律，实施启蒙教育，促进幼儿在体质、智力、品德等方面和谐发展。"第 27 条规定："学校、幼儿园的教职员工应当尊重未成年人人格尊严，不得对未成年人实施体罚、变相体罚或者其他侮辱人格尊严的行为。"

三、社会保护

社会保护是指各社会团体、企事业组织和其他组织及公民，对未成年人实施的保护。其主要内容是：保护未成年人的安全与健康，保护未成年人的荣誉权，保护未成年人的智力成果权，保护有特殊天赋和突出成就的未成年人，公共场所对其优惠开放等。

案例

涂某是某中学初二学生，在班级学习成绩一直都很好，可是最近学习成绩急剧下降，而且出现旷课现象。老师找涂某的父母谈话，希望能够查明原因。后来经父母仔细调查，发现涂某放学后就钻进离学校不远刚开的电子游戏厅打游戏，游戏厅二楼还设有通宵影剧放映厅，里面经常放映一些黄色影片，出售一些黄色淫秽书籍。于是涂某的父母向有关部门反映了电子游戏厅的违法行为，认为不应将此性质的娱乐场所设在学校附近，不但没有"禁止未成年人进入"的标志，而且还公然播放黄色影片。因此要求有关部门责成该游戏厅停业搬迁，并赔偿对涂某造成不良影响的损失。

游戏厅开在学校附近合法吗？是否侵害了未成年人的合法权益呢？《未成年人保护法》第 58 条规定，学校、幼儿园周边不得设置营业性娱乐场所、酒吧、互联网上网服务营业场所等不适宜未成年人活动的场所。营业性歌舞娱乐场所、酒吧、互联网上网服务营业场所等不适宜未成年人活动场所的经营者，不得允许未成年人进入；游艺娱乐场所设置的电子游戏设备，除国家法定节假日外，不得向未成年人提供。经营者应当在显著位置设置未成年人禁入、限入标志；对难以判明是不是未成年人的，应当要求其出示身份证件。第 50 条规定，禁止制作、复制、出版、发布、传播含有宣扬淫秽、色情、暴力、邪教、迷信、赌博、引诱自杀、恐怖主义、分裂主义、极端主义等危害未成年人身心健康内容的图书、报刊、电影、广播电视节目、舞台艺术作品、音像制品、电子出版物和网络信息等。对于违反上述规定者，根据《未成年人保护法》第 121 条、第 123 条的规定，由新闻出版、广播电视、电影、网信、文化和旅游、市场监督管理、公安等部门按照职责分工责令限期改正，给予警告，没收违法所得，可以并处罚款；拒不改正或者情节严重的，责令停业整顿或者吊销营业执照、吊销相关许可证，可以并处罚款。

四、司法保护

《未成年人保护法》除了对家庭保护、学校保护、社会保护提出了具体、明确的规定外，还规定国家司法机关对未成年人实施一种专门性的保护，这就是司法保护。《未成年人保护法》第 101 条规定，公安机关、人民检察院、人民法院和司法行政部门应当确定专门机构或者指定专门人员，负责办理涉及未成年人案件。办理涉及未成年人案件的人员应当经过专门培训，熟悉未成年人身心特点。专门机构或者专门人员中，应当有女性工作人员。第 103 条规定，公安机关、人民检察院、人民法院、司法行政部门以及其他组织和个人不得披露有关案件中未成年人的姓名、影像、住所、就读学校以及其他可能识别出其身份的信息，但查找失踪、被拐卖未成年人等情形除外。第 110 条规定，公安机关、人民检察院、人民法院讯问未成年犯罪嫌疑人、被告人，询问未成年被害人、证人，应当依法通知其法定代理人或者其成年亲属、所在学校的代表等合适成年人到场，并采取适当方式，在适当场所进行，保障未成年人的名誉权、隐私权和其他合法权益。人民法院开庭审理涉及未成年人案件，未成年被害人、证人一般不出庭作证；必须出庭的，应当采取保护其隐私的技术手段和心理干预等措施。

五、法律责任

《未成年人保护法》中对侵害未成年人合法权益的行政处分、行政处罚、刑事处罚等进行了规定，并规定了所承担的民事责任；同时还规定了向主管部门要求处理、申请行政复议、提起诉讼等程序方面的保护措施。

第三节 《中华人民共和国预防未成年人犯罪法》

《中华人民共和国预防未成年人犯罪法》是为了保障未成年人身心健康，培养未成年人良好品行，有效预防未成年人违法犯罪而制定的法律。

1999 年 6 月 28 日，《中华人民共和国预防未成年人犯罪法》（以下简称《预防未成年人犯罪法》）由第九届全国人民代表大会常务委员会第十次会议通过，自 1999 年 11 月 1 日起施行。根据 2012 年 10 月 26 日第十一届全国人民代表大会常务委员会第二十九次会议通过《全国人民代表大会常务委员会关于修改〈中华人民共和国预防未成年人犯罪法〉的决定》修正。2020 年 12 月 26 日，中华人民共和国第十三届全国人民代表大会常务委员会第二十四次会议修订通过，自 2021 年 6 月 1 日起施行。

《预防未成年人犯罪法》对未成年人不良行为的干预，以及严重不良行为的矫治进行了规定。

不良行为，是指未成年人实施的不利于其健康成长的下列行为：

（1）吸烟、饮酒；

（2）多次旷课、逃学；

（3）无故夜不归宿、离家出走；

（4）沉迷网络；

（5）与社会上具有不良习性的人交往，组织或者参加实施不良行为的团伙；

（6）进入法律法规规定未成年人不宜进入的场所；

（7）参与赌博、变相赌博，或者参加封建迷信、邪教等活动；

（8）阅览、观看或者收听宣扬淫秽、色情、暴力、恐怖、极端等内容的读物、音像制品或者网络信息等；

（9）其他不利于未成年人身心健康成长的不良行为。

未成年人的父母或者其他监护人发现未成年人有不良行为的，应当及时制止并加强管教。公安机关、居民委员会、村民委员会发现本辖区内未成年人有不良行为的，应当及时制止，并督促其父母或者其他监护人依法履行监护职责。学校对有不良行为的未成年学生，应当加强管理教育，不得歧视；对拒不改正或者情节严重的，学校可以根据情况予以处分或者采取以下管理教育措施：

（1）予以训导；

（2）要求遵守特定的行为规范；

（3）要求参加特定的专题教育；

（4）要求参加校内服务活动；

（5）要求接受社会工作者或者其他专业人员的心理辅导和行为干预；

（6）其他适当的管理教育措施。

严重不良行为，是指未成年人实施的有刑法规定、因不满法定刑事责任年龄不予刑事处罚的行为，以及严重危害社会的下列行为：

（1）结伙斗殴，追逐、拦截他人，强拿硬要或者任意损毁、占用公私财物等寻衅滋事行为；

（2）非法携带枪支、弹药或者弩、匕首等国家规定的管制器具；

（3）殴打、辱骂、恐吓，或者故意伤害他人身体；

（4）盗窃、哄抢、抢夺或者故意损毁公私财物；

（5）传播淫秽的读物、音像制品或者信息等；

（6）卖淫、嫖娼，或者进行淫秽表演；

（7）吸食、注射毒品，或者向他人提供毒品；

（8）参与赌博赌资较大；

（9）其他严重危害社会的行为。

未成年人的父母或者其他监护人、学校、居民委员会、村民委员会发现有人教唆、胁迫、引诱未成年人实施严重不良行为的，应当立即向公安机关报告。公安机关接到报告或者发现有上述情形的，应当及时依法查处；对人身安全受到威胁的未成年人，应当立即采取有效保护措施。

公安机关接到举报或者发现未成年人有严重不良行为的，应当及时制止，依法调查处理，并可以责令其父母或者其他监护人消除或者减轻违法后果，采取措施严加管教。对有严重不良行为的未成年人，公安机关可以根据具体情况，采取以下矫治教育措施：

（1）予以训诫；

（2）责令赔礼道歉、赔偿损失；

（3）责令具结悔过；

（4）责令定期报告活动情况；

（5）责令遵守特定的行为规范，不得实施特定行为、接触特定人员或者进入特定场所；

（6）责令接受心理辅导、行为矫治；

（7）责令参加社会服务活动；

（8）责令接受社会观护，由社会组织、有关机构在适当场所对未成年人进行教育、监督和管束；

（9）其他适当的矫治教育措施。

公安机关在对未成年人进行矫治教育时，可以根据需要邀请学校、居民委员会、村民委员会以及社会工作服务机构等社会组织参与。未成年人的父母或者其他监护人应当积极配合矫治教育措施的实施，不得妨碍阻挠或者放任不管。对有严重不良行为的未成年人，未成年人的父母或者其他监护人、所在学校无力管教或者管教无效的，可以向教育行政部门提出申请，经专门教育指导委员会评估同意后，由教育行政部门决定送入专门学校接受专门教育。

预防未成年人犯罪需要全社会的共同努力。根据《预防未成年人犯罪法》的相关规定，公安机关、人民检察院、人民法院在办理案件过程中发现实施严重不良行为的未成年人的父母或者其他监护人不依法履行监护职责的，应当予以训诫，并可以责令其接受家庭教育指导。教唆、胁迫、引诱未成年人实施不良行为或者严重不良行为，构成违反治安管理行为的，由公安机关依法予以治安管理处罚。

中学生要认真学习并履行《中小学生日常行为规范》，警惕学习生活中的不良行为，加强自身修养，用科学知识武装自己的头脑，做到“勿以善小而不为，勿以恶小而为之。”

(1) 珍惜学习机会，要坚持在校学习，自觉接受家庭和学校的教育管理。

(2) 提高鉴别能力，不要学习和模仿电视、电影、音像制品和文学作品中的犯罪行为。

(3) 谨慎交朋友，不要和社会上品行不端的闲散人员交往，特别是那些有前科劣迹的人。

(4) 切莫虚荣攀比，要克服虚荣、攀比心理，说话要谨慎，不要随意向外人透露和炫耀自己家庭的情况，以免给自己带来伤害。

(5) 增强防范意识，保持必要的警惕性。

作为21世纪的新人，我们不仅要学好文化科学知识，还要掌握好法律知识，提高法律素质，利用法制规范我们的一言一行。

第三章　远离毒品

毒品预防教育是指通过各种途径让人们了解和认识造成毒品问题的基本因素和有关知识，提示毒品对个人、对家庭、对社会的巨大危害，提高全民尤其是青少年辨识毒品、拒绝毒品的能力，从而构筑全社会防范毒品侵袭的有效体系。

第一节　毒品的概念和种类

一、毒品的概念

根据联合国 1971 年《精神药物公约》，毒品是指其性能能引起成瘾之依赖性，使中枢神经系统产生兴奋或抑郁，以至于造成幻觉，或对动作机能、思想、行为、感觉、情绪之损害的天然、半合成、合成的物质。

我国《刑法》第 357 条规定，毒品是指鸦片、海洛因、甲基苯丙胺（冰毒）、吗啡、大麻、可卡因以及国家规定管制的其他能够使人形成瘾癖的麻醉药品和精神药品。

二、毒品的种类

毒品的种类很多，范围很广，分类方法也不尽相同。

从毒品的来源看，可分为天然毒品、半合成毒品和合成毒品三大类。天然毒品是直接从毒品原植物中提取的，如鸦片；半合成毒品是由天然毒品与化学物质合成的，如海洛因；合成毒品，是完全用有机合成的方法制造的，如冰毒。

从毒品对人中枢神经的作用看，可分为抑制剂、兴奋剂和致幻剂等。抑制剂能抑制中枢神经系统，具有镇静和放松作用，如鸦片类；兴奋剂能刺激中枢神经系统，使人兴奋，如苯丙胺类；致幻剂能使人产生幻觉，导致自我歪曲和思维分裂，如麦司卡林。

从毒品的自然属性看，可分为麻醉毒品和精神毒品。麻醉毒品是指对中枢神经有麻醉作用，连续使用易产生依赖性的毒品，如鸦片类；精神毒品是指直接作用于中枢神经系统，使人兴奋，连续使用能产生依赖性的毒品，如苯丙胺类。

从毒品流行的时间看，可分为传统毒品和新型毒品。传统毒品一般指鸦片、海洛因等阿片类流行较早的毒品；新型毒品是相对传统毒品而言的，主要指冰毒、摇头丸等人工化学合成的致幻剂、兴奋剂类毒品。

第二节　毒品的危害

日趋严重的毒品问题已成为全球性的灾难。毒品的泛滥直接危害人民的身心健康，并给经济发展和社会进步带来巨大的威胁，不仅会危害个人的身心，还会危害家庭、危害社会。

一、对个人身心的危害

（一）毒性作用

毒性作用是指用药剂量过大或用药时间过长引起的对身体的一种有害作用，通常伴有机体的功能失调和组织病理变化。

（二）戒断反应

戒断反应是长期吸毒造成的一种严重和具有潜在致命危险的身心损害，通常在突然终止用药或减少用药剂量后发生。许多吸毒者在没有经济来源购毒、吸毒的情况下，或死于严重的身体戒断反应引起的各种并发症，或由于痛苦难忍而自杀身亡。戒断反应也是吸毒者戒断难的重要原因。

（三）精神障碍

吸毒所致最突出的精神障碍是幻觉和思维障碍。吸毒者的行为特点是围绕毒品转，甚至为吸毒而丧失人性。

（四）感染疾病

静脉注射毒品给滥用者带来感染性并发症，最常见的有化脓性感染和乙型肝炎以及令人担忧的艾滋病问题。此外，吸毒还会损害神经系统、免疫系统，易感染各种疾病。

二、对家庭的危害

家庭中一旦出现了吸毒者，家便不称其为家了。吸毒者在自我毁灭的同时，也破坏了自己的家庭，使家庭陷入经济破产、亲属离散甚至家破人亡的困难境地。

三、对社会的危害

毒品活动对社会生产力造成巨大破坏。吸毒会导致各种疾病，使人无法正常从事生产劳动，还会造成社会财富的巨大损失和浪费。

毒品活动会引发各种违法犯罪活动，扰乱社会治安，给社会安定带来巨大威胁。

第三节　拒绝毒品，行动起来

毒品不仅碰不得，且应被人唾弃、遗忘。它会让一个人失去一切人间美好的事物，让一个和睦的家庭支离破碎，让国家和社会蒙受巨大损失。我们要行动起来，拒绝毒品。

一、青少年为什么要抵制毒品

（1）青少年正处于生理、心理发展时期，生理、心理防线薄弱，并有较强的好奇心，易受毒品的诱惑和侵袭。

（2）缺乏辨别是非的能力，容易上当受骗。

（3）缺乏对吸毒危害性的认识。调查表明，在青少年吸毒者中，有80%以上是在不知道毒品危害的情况下吸食毒品的。

（4）有的青少年无所事事，精神空虚，易沉浸于自我麻醉的状态。

（5）家庭的不良教育或环境中友伴的影响。

（6）易受不良的腐朽物质文化的影响。

由于以上原因，吸毒、贩毒分子会利用青少年的特点，诱使青少年吸毒、贩毒，走上犯罪道路。为此，我们必须告诫青少年朋友：毒品，千万不要去尝试！

二、青少年如何抵制毒品

（1）接受毒品基本知识和禁毒法律法规教育，了解毒品的危害，懂得“吸毒一口，掉入虎口”的道理。

（2）树立正确的人生观，不盲目追求享受、寻求刺激、赶时髦。

（3）不听信毒品能治病、能解除烦恼和痛苦、能给人带来快乐等各种花言巧语。

（4）不结交有吸毒、贩毒行为的人。如发现亲朋好友中有吸毒、贩毒行为的人，一要劝阻，二要远离，三要报告公安机关。

（5）远离易染毒场所，不进歌舞厅，不吸食摇头丸、K 粉等兴奋剂。

（6）如在不知情的情况下被引诱、欺骗吸毒，一定要珍惜自己的生命，绝不再吸。

（7）遇到挫折、困难等无法排解的事情，要设法寻找正确的解决途径，绝不能借毒解愁。

案例

某日晚，小林被带进市戒毒所强制戒毒。至此，他方才悔悟：毒品是魔鬼，一点也不能碰！他很后悔自己当初没好好读书，乱交朋友染上了毒瘾。小林家境富裕，作为家中独子，他自幼受到父母的百般宠爱，在家要风得风、要雨得雨。读初中时，他与几个高年级的学生交上了“朋友”，学会了逃课、抽烟。第二年，小林辍学在家，整天游手好闲，老是向父母伸手要钱出去与朋友吃喝玩乐，家人拿他一点办法也没有。

某一天，经不住朋友的诱惑，小林吸了第一口“白粉”，从此欲罢不能。小林说，其实他知道毒品的害处，也曾多次想要戒毒，然而每当毒瘾发作时，他总是败下阵来。“再吸一次，这是最后一次了。”就这样，一次又一次，他越陷越深，不能自拔。为了买毒品，小林以做生意为由，从父母那里骗钱，短短两年，糟蹋了父母很多血汗钱。

染上毒瘾的原因很多，交友不慎是其一。据市戒毒所管教民警称，像小林这样因交友不慎染上毒瘾的青年人很多，许多人因此走上歧路。古人云：“与善人居，如入芝兰之室，久而不闻其香；与恶人居，如入鲍鱼之肆，久而不闻其臭。”此话正生动地说明了交友的重要性。小林上初中时交上“朋友”，学会了抽烟、逃课，荒废了学业，后来又通过“朋友”染上了毒瘾。这样的“朋友”，千万不能交。

第四章　防艾滋病

艾滋病是一种目前尚不能治愈的严重传染病，已成为世界性的重大公共卫生问题和社会问题。艾滋病流行迅速、病死率高，对社会的破坏性极大，已对人类生存和发展构成严重威胁。当前，艾滋病已经由高危人群向一般人群扩散，而且还在不断地传播蔓延，危害着人们的健康。

艾滋病虽是一种不能治愈的疾病，但是完全可以预防，普及艾滋病防治知识就是预防措施之一。只有了解艾滋病，掌握预防艾滋病的相关知识，行为健康，才能避免感染艾滋病。

第一节　艾滋病与艾滋病病毒

研究认为，艾滋病起源于非洲，后由移民带入美国。1981 年 6 月 5 日，美国疾病预防控制中心在《发病率与死亡率周刊》上登载了 5 例艾滋病病人的病例报告，这是世界上第一次有关艾滋病的正式记载。1982 年，这种疾病被命名为“艾滋病”。不久以后，艾滋病迅速蔓延到各大洲。1985 年，一位到中国旅游的外籍人士因病入住北京协和医院后很快死亡，后被证实死于艾滋病，这是我国第一次发现艾滋病病例。

一、艾滋病

艾滋病的全称是人类获得性免疫缺陷综合征（Acquired Immune Deficiency Syndrome，简称 AIDS），是人感染了艾滋病病毒而造成的以免疫系统损害和感染为主要特征的一组综合征。艾滋病是一种以人体免疫系统全面崩溃为特征并且病死率很高的传染病。

自从艾滋病被发现到现在的四十年的时间里，全世界有近 3 000 万人死于艾滋病，2015 年全世界尚存活的 HIV 感染者约 3 670 万人。艾滋病在全球正以每天新增约

7 000 例感染者的速度发展蔓延。

二、艾滋病病毒

艾滋病病毒的全称是人类免疫缺陷病毒（Human Immuno-deficiency Virus，简称HIV）。艾滋病病毒是一种逆转录病毒，具有极强的变异能力，HIV 进入人体后攻击CD4 淋巴细胞，并在其中复制繁殖，导致更多的淋巴细胞受到感染和破坏，艾滋病病毒与人体免疫系统势均力敌，两者之间的斗争往往要持续多年之久，最终使人体免疫力减低或丧失。当感染 HIV 的人不能维持最低的抗病能力时，感染者会频繁地发生由细菌、病毒、真菌或寄生虫等引起的感染，或者发生一些肿瘤。此时，HIV 感染者就发展成艾滋病病人。艾滋病病人往往会因这些继发的机会性感染或肿瘤而死亡。

三、艾滋病的症状

感染 HIV 后，最开始的数年至 10 余年可能无任何临床表现。一旦发展为艾滋病，病人就会出现各种临床表现。一般初期的症状如同普通感冒、流感一样，可有全身疲劳无力、食欲减退、发热等。随着病情的加重，症状日见增多，如皮肤、黏膜出现白念珠菌感染，出现单纯疱疹、带状疱疹、紫斑、血疱、淤血斑等；之后病毒渐渐侵犯内脏器官，出现原因不明的持续性发热，可长达 3～4 个月；还可出现咳嗽、气促、呼吸困难、持续性腹泻、便血、肝脾肿大、并发恶性肿瘤等。临床症状复杂多变，每个患者并非上述所有症状全都出现。病毒侵犯肺部时，病人常出现呼吸困难、胸痛、咳嗽等；侵犯胃肠可引起持续性腹泻、腹痛、消瘦无力等；还可侵犯神经系统和心血管系统。

（一）一般症状

持续发烧、虚弱、盗汗，持续广泛性全身淋巴结肿大。特别是颈部、腋窝和腹股沟淋巴结肿大更明显。淋巴结直径在 1 厘米以上，质地坚实，可活动，无疼痛。在 3 个月之内体重下降可达 10%以上，最多可下降 40%，病人消瘦特别明显。

（二）呼吸道症状

长期咳嗽、胸痛、呼吸困难，严重时痰中带血。

（三）消化道症状

食欲下降、厌食、恶心、呕吐、腹泻，严重时可便血。通常用于治疗消化道感染的药物对这种腹泻无效。

（四）神经系统症状

头晕、头痛、反应迟钝、智力减退、精神异常、抽搐、偏瘫、痴呆等。

（五）皮肤和黏膜损害

单纯疱疹、带状疱疹、口腔和咽部黏膜炎症及溃烂。

（六）肿瘤

可出现多种恶性肿瘤，位于体表的卡波西肉瘤可见红色或紫红色的斑疹、丘疹和浸润性肿块。

四、艾滋病的危害

HIV 不仅使人体的免疫系统难以抵御其侵害，而且给特效治疗药物和预防用疫苗的研制带来困难。HIV 直接侵犯人体的免疫系统，破坏人体的细胞免疫和体液免疫。它主要存在于感染者和病人的体液（如血液、精液、阴道分泌物、乳汁等）及多种器官中，可通过含 HIV 的体液交换或器官移植而传播。

（一）侵蚀细胞

现已证实 HIV 是嗜 T4 淋巴细胞和嗜神经细胞的病毒。HIV 由皮肤破口或黏膜进入人体血液，主要攻击和破坏靶细胞 T4 淋巴细胞（T4 淋巴细胞在细胞免疫系统中起着中心调节作用，它能促进 B 细胞产生抗体），使得 T4 细胞失去原有的正常免疫功能，从而导致病人的免疫功能衰竭，为条件性感染创造了极为有利的条件。

HIV 对神经细胞有亲和力，能侵犯神经系统，引起脑组织的破坏，或者继发条件性感染而致各种中枢神经系统的病变。

（二）助发癌变

HIV 带有的致癌基因可使细胞发生癌性转化，特别是在细胞免疫遭到破坏，丧失免疫监视作用的情况下，细胞癌变更易发生。

（三）夺取生命

艾滋病患者存活时间的长短与其被感染的亚型病毒种类有很大的关系。A 亚型病毒感染者的平均存活时间为 8.8 年，D 亚型病毒感染者的平均存活时间为 6.9 年，D 亚型和 A 亚型病毒的混合感染者的存活时间更短，平均只有 5.8 年。

五、艾滋病的主要传播途径

艾滋病传染途径主要有 3 种，它们是性传播、血液传播和母婴传播，其中性传播和血液传播是艾滋病的主要传播途径。艾滋病的传播途径不包括一般的接触，如共同进餐、握手等都不会传染艾滋病，所以艾滋病患者在生活当中不应受到歧视。

（一）性传播

包括同性及异性之间的性接触。

（二）血液传播

（1）输入污染了 HIV 的血液或血液制品。

（2）静脉药瘾者共用受 HIV 污染的、未消毒的针头及注射器。

（3）注射器和针头消毒不彻底或不消毒，注射未做到一人一针一管。

（4）口腔科器械、接生器械、外科手术器械、针刺治疗用针消毒不严密或不消毒。

（5）理发、美容（如文眉、穿耳）、文身等的刀具、针具不消毒。

（6）和他人共用刮脸刀、剃须刀、牙刷。

（7）移植 HIV 感染者或艾滋病病人的组织器官。

（8）皮肤破损处接触 HIV 感染者或艾滋病病人的血液。

（三）母婴传播

母婴传播也称围生期传播，即感染了 HIV 的母亲在产前通过胎盘、分娩过程中通过产道及产后通过哺乳将 HIV 传染给胎儿或婴儿。

第二节　艾滋病的预防

据国家疾控中心对艾滋病感染的统计分析，在我国艾滋病新发感染中，青少年艾滋病感染人数正在以惊人的速度增长。青少年既是父母的希望，也是祖国的未来。那么青少年该如何预防艾滋病呢？

一、了解艾滋病的一般常识

（1）艾滋病病毒是一种非常脆弱的病毒，离开人体后会很快死亡。

（2）唾液、泪液、汗液、尿液中病毒含量极低，不足以引起传播。目前还没有发现通过这些体液感染艾滋病的病例。

（3）与艾滋病病毒感染者和病人一起生活和一般接触不会感染艾滋病。如：握手、拥抱、礼节性接吻；一起进餐、乘车、学习、郊游、玩耍；共用学习用具、餐饮具、卫生间、游泳池、卧具、生活用品；艾滋病病毒不会通过飞沫传播，咳嗽或打喷嚏都不会传播艾滋病。

(4) 蚊虫叮咬不会传播艾滋病。艾滋病病毒在蚊子体内既不会发育也不会复制，蚊子嘴上残留的血液量微乎其微，远不足以引起传染。世界范围内尚未发现通过蚊子或昆虫叮咬感染艾滋病的报道。

二、避免艾滋病病毒经性接触感染

艾滋病病毒经性接触感染的危险是可以降低和避免的。发生性行为时，正确使用质量合格的安全套，可以降低感染艾滋病、性病的危险。

三、拒绝毒品，预防经注射吸毒感染

吸毒是一种违法行为。毒品使人丧失理智、成瘾，极易发生感染艾滋病的高危行为。共用注射器吸毒的人很容易感染艾滋病病毒。

四、避免不安全注射或输血，预防经血液传播感染

要到正规医院就医，不轻信街头广告，不去无行医执照的个体诊所打针、输液、补牙等。

就医时，应当选择使用一次性针具以及经过严格消毒的医疗器械。不到非正规的美容、整形机构去文眉、文身、穿耳、矫正畸形等刺破皮肤的手术。

必要时使用检测合格的血液和血液制品。

要到国家指定的正规血站献血。无偿献血既有利于保证临床用血安全，又不会对献血者的健康产生影响。

五、进行艾滋病咨询和检测，可以及时了解是否感染了艾滋病病毒

国家实施免费和保密的艾滋病自愿咨询和抗体初筛检测服务，为经济困难的艾滋病病人提供免费抗病毒治疗药物。

及早进行艾滋病抗体检测有利于发现艾滋病病毒感染状况，有利于及时治疗、延缓发病进程；有利于采取预防措施，减少传播。

一旦发生易感染艾滋病的危险行为，或怀疑自己可能感染了艾滋病病毒，一定要到当地疾病预防控制中心进行咨询和检测。

六、主动学习预防艾滋病的知识，并将其告诉家人和朋友

艾滋病威胁着每一个家庭、每一个人，影响社会发展和稳定，预防艾滋病是大家共同的责任。青少年应主动学习预防艾滋病的知识，全面了解相关信息，掌握自我保护技能，培养健康的生活方式。青少年应将所掌握的知识、方法和技能与家人和朋友分享，做艾滋病防治知识的传播者，为预防控制艾滋病做出自己的贡献。

第五章　心理健康

心理健康是现代人健康的重要方面，那么，什么是心理健康呢？人的生理健康是有标准的，心理健康也是有标准的。不过人的心理健康标准不及生理健康标准具体与客观。了解与掌握心理健康的标准，对于增强与维护人们的健康有重要意义。当人们掌握了衡量心理健康的标准后，就能以此为依据对自己进行心理健康的自我诊断。如果发现自己心理状况的某个或某几个方面与心理健康标准有一定距离，就要有针对性地加强心理锻炼，以期达到心理健康水平。如果发现自己的心理状态严重地偏离了心理健康标准，就要及时求医，以便早期诊断与早期治疗。

第一节　心理健康基础知识

心理健康是指在身体、智能以及感情上与他人的心理健康不相矛盾的范围内，将个人的心境发展成最佳的状态。心理健康的标志包括：

（1）身体、智力、情绪十分协调；

（2）适应环境，人际关系和谐；

（3）有幸福感；

（4）在工作中能充分发挥能力，有效率地生活。

一、判断心理健康的基本原则

（1）心理与环境的同一性；

（2）心理与行为的统一性；

（3）人格的相对稳定性。

二、心理健康的标准

（1）智力正常；

（2）人际关系和谐；

（3）情绪积极稳定；

（4）意志品质坚强；

（5）自我意识正确；

（6）个性结构完整；

（7）环境适应良好。

三、心理健康的相对性

人的心理是一个动态的发展变化过程，因而人的心理健康也是一个动态的过程，过去心理健康并不意味着永远心理健康。不同的国家、不同的民族和不同的社会阶段对人的心理健康的理解也是不同的。在一些人看来可能是心理健康的行为，而在另一些人看来可能就是病态的反应了。因此，心理健康是相对而言的。

四、心理健康与相关概念的区分

心理正常与心理不正常是一组相对应的概念。心理正常是指具备正常功能的心理活动，或者说不包括精神病症状的心理活动；心理不正常是指“异常心理”，是有精神病症状的心理活动和各类精神障碍。

心理健康与心理不健康是一组相对应的概念。心理健康特指处于动态心理平衡的心理过程，涵盖了一切有利于个体生存发展和稳定生活质量的心理活动；心理不健康是指处于一种动态失衡的心理过程，根据其严重程度可以进一步区分为心理问题、严重心理问题和部分可疑神经症。

需要说明的是，无论是心理健康还是心理不健康都属于心理正常的范围，与心理不正常的“病”态心理要严格区分。

五、心理健康的实现条件

（1）正视和接受现实，积极适应环境的变化；

（2）正确认识和评价自己；

（3）乐于与人交往，善于与人接触；

（4）努力工作，学会休闲；

（5）有意识地控制调整情绪，乐观开朗，积极向上。

六、维护心理健康的途径

（1）全面提高素质，包括思想道德素质、科学文化素质、心理素质、身体素质；

（2）增强多种心理能力，包括适应能力、承受能力、自控能力、社交能力、康复能力；

（3）创设有利于健康成长的环境，包括树立奋发向上的良好风气，建立和谐友爱的内部关系，提供公平合理的成长环境，保持张弛有度的工作节奏，创造宽严相济的管理环境，营造丰富活跃的文化氛围。

七、常见的心理问题

（1）适应障碍问题；

（2）自我意识问题；

（3）人际关系问题；

（4）工作压力问题；

（5）个人情感问题。

八、进行自我心理调适的方法

（1）培养健康的生活方式；

（2）理性对待并接纳自己；

（3）及时宣泄心理压力；

（4）积极参加社会交往活动。

九、心理咨询

心理咨询是指心理工作者在心理方面给咨询对象以帮助、劝告、指导、建议，以便解决求助者心理问题的过程。心理咨询的对象包括3类人：一是精神正常，但遇到了与心理有关的现实问题并请求帮助的人；二是精神正常，但心理健康出现问题并请求帮助的人；三是特殊对象，即临床治愈的精神病患者。心理咨询的目的在于纠正个人心理上的不平衡，使个人对自己与环境重新有一个清醒的认识，改变态度和行为，以达到对社会生活的良好适应。

十、心理治疗

心理治疗是指应用心理学的原则和技术，对病人施加心理影响，进而改变病人心理状态和行为方式的过程。心理治疗的对象主要是具有心理疾病、精神疾病的病人。心理治疗的目的在于改变病人的症状，减轻或消除病人的痛苦，提高病人的社会适应能力，尽快恢复或实现身心健康。

十一、心理咨询与心理治疗的区别

（一）实施者不同

心理治疗由具有任职资格的专业心理医生实施；心理咨询既可以由心理医生实施，也可以由具有心理知识和经过心理咨询训练的社会工作者（心理咨询师）实施。

（二）工作对象不同

心理治疗面对的是具有心理疾病、精神疾病的病人；心理咨询的主要对象是接受心理指导和帮助的正常人。

（三）操作不同

心理治疗是标准化、规范化的，带有强制“矫正”性质地解决问题；心理咨询相对来说是非标准化、规范化的，是带有“协助”性质地解决问题。

第二节　自我意识

自我意识是指个体对自己的各种身心状态的认识、体验和愿望，以及对自己与周围环境之间关系的认识、体验和愿望。

一、健全自我认识的标准

（1）正确认识自己；

（2）愉快地接纳自己；

（3）自觉地控制自己。

二、影响自我意识的因素

(1)客观因素：包括时代背景、文化因素、人际环境；

(2)自我因素：包括自我价值取向、理想我与现实我的差距、主体我与现实我的矛盾，对失败的认知、体验水平和归因方式，心理与人格特点。

三、自我意识偏差

(一)自卑

自卑是个体由于自我认知偏差等原因所形成的自我轻视和自我否定的情绪体验。例如认为自己其貌不扬，担心被人歧视；认为自己家境贫寒，被人看不起；认为自己天资愚笨，对未来缺乏信心，等等。

(二)虚荣

虚荣是自尊的过分表现，是为了取得荣誉和引起普遍关注而表现出来的一种不正常的心理行为。好虚荣者常常不是通过实实在在的努力，而是通过吹牛、撒谎、做假等非正常手段沽名钓誉。

(三)从众

从众是一种普遍存在的心理现象，是指在群体舆论的压力之下，放弃个人的意见而采取与大多数人一致的自我保护行为。从众心理人皆有之，但是过强的从众心理则导致缺乏主见，丧失自我。

(四)逆反

逆反心理也称对抗心理，是指在特定条件下，某些人的言行跟当事人的主观愿望相反，产生一种与常态性质相反的逆向反应。逆反心理的出现反映了一种不正常的独立意识，若得不到正常的引导则容易导致个人自由主义倾向，形成不健康的思维方式和行为习惯，产生脱离集体的后果。

(五)盲目

盲目是一种失去目标、没有目的性进行活动的心理。表现为不假思索地模仿他人，不从现实和自身实际出发有目的性地做出规划，随意地采取行动等。

(六)自负

自负是一种自以为是、自命不凡的情感体验和情绪表现。具有自负心理特征的人往往过于自信，自我感觉过于良好，凡事认为自己完全正确，听不进他人的合理意见及劝告，一意孤行。

（七）任性

任性是指不顾及他人的想法，一味按照自己的要求行事。具有这种心理特征的人，在人际交往中只从自己的角度思考问题，不顾及他人的感受，容易为自己本能的欲望和偶然的动机以及不良的情绪所左右，片面主张自己的要求，进而发展到以自我为中心的境地。

四、自我意识对人的发展的作用

健全的自我意识是心理健康的重要标志，对人的发展具有以下作用：

（1）方向作用：自我意识为人的发展提供目标导航。

（2）自控作用：自我意识能够使人根据目标及现实的发展要求发挥人的主观能动性，调节和控制人的行动。

（3）内省和归因作用：自我意识对人的认知、情感、意志、行为等进行反省和审查，使人根据现实不断调整认知。

五、优化自我意识的途径

（1）全面正确地认识与评价自我，进行自我反省，通过自我比较和与他人比较，接受他人的评价，在综合体系中检验自己的表现。

（2）欣然接受自我，正确对待自己的优势和不足，正确对待自己成功与失败的经历，以积极的态度全面地接纳自我。

（3）科学地塑造自我，确立明确的行动目标并培养自控能力。

（4）增强自制力，培养良好稳定的心理素质，用好外在环境的影响作用，形成辩证思维的科学认知方式。

（5）塑造健全人格，加强心理调节，培养良好的行为习惯。

第三节　情绪调控

情绪是人对于客观事物是否符合个体需要所产生的一种态度体验，是人脑对客观事物与人的需要之间关系的反映。我们通常表现出的喜、怒、哀、惧等都属于情绪。情绪是人的心理状态的晴雨表，反映着每个人内在的心理状态。

一、情绪的要素

（1）内省的情绪体验；
（2）外在的情绪表现；
（3）情绪的生理变化。

二、情绪的功能

（1）自我防御功能：表现出自我保护倾向；
（2）社会适应功能：对于不同刺激产生不同的社会适应性反应；
（3）动力功能：激励人的活动，提高人的活动效率；
（4）强化功能：有助于内在潜能的充分展示；
（5）信号功能：传达信息，表达思想和愿望。

三、情绪对人生理活动的影响

人的不同情绪通常伴有生理上的不同变化。情绪紧张时，心跳加快、血压升高；情绪抑郁时，心跳减慢、减弱，甚至不规律；情绪紧张时，呼吸加快，节律不规则。情绪发生障碍，会导致各系统器官的病理性改变，引起生理疾病。

四、良性情绪

良性情绪是在个体需要得到满足、使人产生肯定状态时产生的。在良性情绪下，机体的心理与生理功能处于良好状态，可以充分发挥机体潜能，调动一切生理功能，提高体力劳动和脑力劳动的能力，使机体保持良好的状态。

五、良性情绪的作用

（1）愉快而平稳的情绪能使人的大脑处于最佳活动状态，保持体内各器官系统的活动协调一致。

（2）愉快的情绪能使整个机体的免疫系统和体内化学物质处于平衡状态，从而增强对疾病的免疫力。

（3）达观快乐的积极情绪能使别人更喜欢亲近自己，有利于建立良好的人际关系。

（4）适当的焦虑、忧愁、恐惧、愤怒等不愉快的情绪也是正常有益的。

六、不良情绪

不良情绪是指当个体不能满足自身的需要或者与自己的意愿相悖的事物出现时，所产生的否定的态度和不愉快或消极的心理感受，包括愤怒、恐惧、焦虑、悲伤、嫉妒等。

七、不良情绪的危害

（1）发生过于强烈的情绪反应时，心理处于极端状态，会导致生理机能紊乱，干扰正常生理功能。

（2）发生持久的情绪反应时，心理长期处于失衡状态，会导致机体的抵抗力降低，最终产生不可逆的躯体疾病。

八、不良情绪的表现

（一）焦虑

焦虑是人预感将要发生不良后果时所产生的一种紧张不安的心理反应和体验，通常被描述为紧张不安、心神不宁、恐惧忧虑等负性情绪体验，是应激时情绪反应的主要表征，其严重程度因刺激本身的性质及个体的耐受程度不同而有所不同。

（二）抑郁

抑郁是指精神受压抑而产生的较持久的、消极的情绪状态。它是一种愁闷、悲观的心境，突出表现为情绪低落、心态悲观、精力下降，自我感觉差、不愿交往，对事物失去兴趣、无快感体验。

（三）愤怒

愤怒是正常人的一种基本情感成分，是当客观事物与我们的主观愿望相悖时，而习惯使用的一种情绪反应。愤怒的积极意义在于，在激烈冲突中能激发人的潜能。但是在平时，愤怒除了能表达我们的某种抵抗意向和不满态度外，对于已经发生的事情和出现的问题常常是于事无补。

（四）恐惧

恐惧是指人面对危险，或者回忆、想象、预感危险时所产生的一种担惊受怕的情绪。恐惧的产生源于主体自身缺乏处理危险情境的能力，所以恐惧发生时常有逃避的动作，并伴有焦虑情绪和异常激动的表现。

九、调控情绪的主要方法

（一）语义精确法

运用积极、合理、现实的语言描述我们所面临的处境，进而有效进行心理调节。

（二）转移注意法

暂时转移注意力而使得心理状况得以恢复。

（三）宣泄法

通过情绪表达、言语倾诉、体育运动等来释放和舒缓心理压力。

（四）升华法

舍弃现实中无法满足的需要，转向追求更能接受的现实目标以改善心理状况。

第四节　人格发展

人格是人的各种心理特性的总和，也是各种心理特性的一种相对稳定的组织结构，在不同的时间和地点，它都影响着一个人的思想、情感和行为，使人具有区别于他人的独特的心理品质。

一、人格的特性

（1）独特性；

（2）整体性；

（3）稳定性；

（4）功能性；

（5）自然性和社会性的统一。

二、人格的构成

人格是一个复杂的结构系统，它包含着各种成分，主要包括倾向性和心理特征两个方面。其中前者具体包括需要和动机，后者具体包括能力、气质和性格。

（一）需要

需要是有机体内部的一种不平衡状态，表现为有机体对内外环境条件的欲求。

（二）动机

动机是激发个体朝着一定的目标活动，并维持这种活动的一种内在的心理活动或内部动力。

（三）能力

能力是顺利、有效地完成某种活动所必须具备的心理条件。

（四）气质

气质是指心理活动表现在强度、速度、稳定性和灵活性等方面动力性质的心理特征，相当于人们日常所说的脾气、秉性或性情。典型的气质类型主要有4类：胆汁质、多血质、黏液质、抑郁质。其中胆汁质的人精力旺盛，直爽热情，行动敏捷，情绪易于激动，心境变化剧烈，脾气暴躁，难以自我克制；多血质的人活泼好动，反应迅速，注意力转移快，善于交际，兴趣多变，情绪不稳定；黏液质的人安静、稳重，反应缓慢，举止平和，行为内向，做事踏实，循规蹈矩，情绪不易外露，注意力集中，不善交谈，善于忍耐，交际适度；抑郁质的人行动迟缓，内心体验深刻，做事仔细，善于察觉别人不易觉察到的事，孤僻、寡欢，爱独处，不善交往。

（五）性格

性格是一个人在对现实的稳定的态度和习惯化了的行为方式中表现出来的人格特征。人们通常在性格类型的划分上将性格简单地区分为外向型和内向型。

三、常见的不良人格表现

（1）偏激：看待问题绝对化、片面化，根据个人好恶进行判断，缺乏客观标准。

（2）自卑：经常悲观失望，总瞧不起自己，丧失信心，处事消极。

（3）孤僻：不合群、不喜欢交往，疑心重，对于周围的人持有戒备心态。

（4）依赖：对个人的自理能力缺乏信心，不愿意承担责任。

四、常见的人格障碍

（1）回避型人格障碍；

（2）自恋型人格障碍；

（3）表演型人格障碍；

（4）偏执型人格障碍；

（5）暴发型人格障碍。

五、健康人格

对于健康人格没有公认的定义。综合心理学家的不同观点，健康人格的共有特点是对人性持有乐观的态度，认为人能够而且必须超越生物本性和环境特征，相信人自身有扩展、丰富、发展和完善的潜能，而且这些潜能可以实现。

我国学者提出了健康人格的参考标准：

（1）具有远大而稳定的奋斗目标；

（2）具有强烈的道德感、责任感；

（3）具有正确的自我意识；

（4）具有良好的情绪调控能力；

（5）具有良好的社会适应能力；

（6）具有和谐的人际关系；

（7）具有乐观向上的生活态度；

（8）具有健康、崇高的审美情绪。

六、健康人格的培养任务

（1）突出世界观、理想、信念教育；

（2）强化主体自我意识；

（3）进行心理调适；

（4）积极参与社会实践；

（5）加强道德教育；

（6）开展审美教育。

七、健康人格的自我修养

（1）自立意识的培养；

（2）自信心的培养；

（3）保持自尊；

（4）有自制力；

（5）培养乐观向上的生活态度。

第五节　人际关系

人际关系是人与人在沟通和交往过程中建立起来的直接的心理上的联系。这种关系在一定社会角色的人之间产生，人际交往是其产生的基础，感情是其主要内容。良好的人际关系对人个性的形成和发展及心理健康有重要的意义。

一、人际关系的构成

人际关系包括 3 种成分：认识成分（指相互认识、相互了解）、动作成分（指交往动作）和情感成分（指积极情绪或消极情绪、爱或恨、满意或不满意）。其中情感成分是核心成分。人际关系反映了交往双方需要的满足程度。若交往双方能互相满足对方的需要，就容易形成亲密的人际关系；反之，则容易造成人际排斥。

二、人际交往中应具备的心理品质

（1）要有较高的文化修养；

（2）要真诚待人；

（3）要有正确的利益观；

（4）要有良好的个性；

（5）要有良好的适应能力。

三、影响人际交往的心理因素

（1）文化背景和生活习惯；

（2）语言理解能力；

（3）个性；

（4）社会角色；

（5）个人认知与评价。

四、人际交往的基本原则

（1）互利原则；
（2）诚信原则；
（3）尊重原则；
（4）宽容原则；
（5）适度原则。

五、人际交往的技巧

（1）善意的赞美；
（2）真诚的微笑；
（3）耐心地聆听；
（4）睿智地交谈；
（5）适时的幽默。

六、避免和消除人际交往中的障碍的方法

（1）注意是否具备了交往的条件，如对方有无交往的心理准备和意愿，交往过程中自己的言行是否能为对方所正确理解。

（2）从促进合作的角度出发，多去理解对方，尊重对方的习惯，善意地与对方交流，沟通思想，增进感情。

（3）掌握必备的交往知识和技巧。人际交往有许多规则需要遵守，了解交往习俗，掌握礼节知识，提高交往技巧，有利于顺畅地沟通交往。

七、人际交往中的不良心理

（一）猜疑

猜疑是指无端的怀疑，对人对事做出的一些想象。

（二）牢骚

牢骚是指由于不满情绪所发泄的言辞。牢骚通常由不愉快的心情所引起，并导致新的不愉快。

（三）盲目攀比

盲目攀比相对于理性攀比而言，是指个体与那些和自己的目前情况及未来目标没有可比性的对象进行比较，从而产生心理失衡或者对正常的生活造成影响的心理模式。如不对盲目攀比加以控制，会给自己及集体造成危害。

（四）嫉妒

嫉妒是指与他人比较，发现自己在才能、名誉、地位或境遇等方面不如别人而产生的一种由羞愧、怨恨、恼怒等组成的复杂情绪状态。

（五）冷漠

冷漠是指人对外界刺激缺乏相应的情感反应，对生活中的人和事都无动于衷，表现为凡事漠不关心，冷淡、退让、逃避。

八、增强自身魅力的方法

（1）保持良好的外部形象；

（2）形成良好的性格；

（3）培养良好的个人能力。

九、处理好人际关系的方法

（1）友善对待每一个人；

（2）主动关心他人；

（3）给予他人理解和宽容；

（4）给予他人鼓励与表扬；

（5）与人分享与相互帮助。

第六节　压力应对

从心理学的角度来看，压力是由压力源和压力反应共同构成的一种认知和行为的体验过程。心理压力的产生离不开压力源，压力源通过个人的个性和应对方式的调节和缓冲进一步转化为压力。

一、压力源的种类

压力源按照性质可以分为 3 类：

(一) 生物性压力源

包括躯体创伤与疾病、饥饿、睡眠剥夺、噪声、气温变化等。

(二) 精神性压力源

包括错误的认知结构、个体不良经验、道德冲突以及长时间生活经历造成的个体不良心理特点。

(三) 社会环境性压力源

包括重大社会变革、人际关系破裂、家庭冲突、自身状况造成的社会适应问题等。

二、压力的内省体验

压力的内省体验表现为人的内心冲突。当压力存在时，可以将人的内心冲突分为 4 类：

(1) 双趋冲突：当两件都有强烈的吸引力而又不相容的事物出现在人的面前时所体验的冲突。

(2) 趋避冲突：当想达到一定的目标，但达到目标又有一定风险时所体验的冲突。

(3) 双避冲突：面临两种不利的情景时所体验的冲突。

(4) 双重趋避冲突：面临复杂的局面，两种选择都有利有弊时所体验的冲突。

三、压力的分类

(1) 一般单一性生活压力：由日常生活事件引起，如工作任务、恋爱、婚姻、生病等。

(2) 叠加性压力：包括同时性叠加压力（若干压力事件同时发生）和继时性叠加压力（若干压力事件接连发生）。

(3) 破坏性压力：包括战争、灾难、遭受攻击等极端压力事件。

四、压力适应的阶段划分

(一) 警觉阶段

发现事件并引起警觉，同时准备应对，此阶段出现应激反应。

（二）搏斗阶段

全力投入事件的应对，或消除压力，或适应压力，或退却。此阶段生理、心理资源大量消耗。

（三）衰竭阶段

如果压力长期存在并且不能得到良好的适应，那么在消耗大量的生理和心理资源后，身心将精疲力竭，此阶段将会导致疾病和危险。

五、压力中介系统对于压力的调节作用

压力中介系统对于压力的产生有增益或消减作用。压力中介系统包括以下 3 个：

（一）认知系统

认知系统对于压力的调节主要表现为感受和评估压力的存在，能动性地通过调适自己的行为、认知和改变环境来调控和适应压力。

（二）社会支持系统

社会支持系统对于压力的调节主要表现为给予当事人以具体的支持（物质上提供帮助）以及精神上的支持（帮助当事人认识、理解事件，与当事人一起策划应对方式，给予精神安慰和鼓励等）。

（三）生物调节系统

生物调节系统包括神经内分泌系统和免疫系统，它们的功能在于防止和降低应激后果的躯体化症状。

六、压力管理

压力管理包括两部分：

（一）针对压力源本身去处理

具体要做到认清压力事件的性质，理性思考压力产生的原因，正确分析个人处理问题的能力，积极寻求解决问题的方法，制订解决问题的计划，积极处理问题。

（二）处理压力所造成的反应

主要包括解释情绪、调和生理、调适行为。具体要做到：认清并接受情绪体验的发生，适当地宣泄情绪，保持乐观的态度，进行放松训练以调和生理反应，进行运动，参加娱乐、休闲、公益等活动，通过正当的行为进行调适。

七、面对压力的错误态度

人的情感是复杂的，人在感受到压力的时候，头脑中往往会蹦出一些稀奇古怪的想法，这些稀奇古怪的想法扭曲对事物原本正确的认知。如果能够纠正这些扭曲了的认知，那么我们的心情就会得到释放，从而得到放松。

面对压力时，人往往会产生一些扭曲的认知，一般来说，可以归结为以下 8 种情况。

（一）极端的认知

人感受到痛苦时会失去心理上的空间，只有一种过度执着的想法。人们倾向于用一种黑白分明的极端标准来评价自己的行为和认知，无法接受事物之间存在灰色地带。

实际上，这种认知扭曲背后是完美主义在作祟。完美主义使人们拒绝任何的不完美及错误，因为它们会使你觉得自己的价值流失。但实际上生活中非此即彼、非黑即白的情况是很少的，没有绝对的好与坏。因此，这种绝对化的认知是与现实不符的，是脱离现实的。存在这种认知的人，无论做什么都无法达到自己的预期。

（二）以偏概全，一叶蔽目

如果人的心理长期处于强烈的痛苦与黑暗之中，过于重视一次失败的经历，就会让自己感到前途渺茫。这个时候容易出现对自己全盘否定的情况。比如有些人经历一次失败，就会认为自己这一生注定要毫无成就。

例如，一个内向的男孩约一个女孩一起吃饭，而这个女孩因为已经有其他安排就婉言拒绝了，这个男孩就会想“我再也不约别人了，我这辈子注定孤独，没有人会喜欢我”。这就是典型的以偏概全。

（三）贬损积极态度，消极处事

人在抑郁的时候就很容易给自己戴上一副有色眼镜，人在这副有色眼镜的影响下，不仅会忽略积极的体验，还会迅速将积极的体验转化为消极的体验，与我们平常所说的点石成金正相反，这种体验往往是“点金成石”。

这也是错误认知中最具破坏性的一种处事态度，它会使人从任何事物情景中截取部分消极的细节，然后进行细心思考，结果就会发现这个情景给人的感受也是消极的。

（四）思维武断，结论跳跃

虽然周围的事物并不支持这种消极的结论，但是思维会因为人的武断而跳跃到这一层面上，最后使人往往会得出这样的结论：世界是消极的，任何事都是消极的。

比如你走在路上，和一个熟悉的朋友擦肩而过，他没有和你打招呼，于是你就开始想，“一定是我做了什么不好的事，让他讨厌我了”。其实有可能是你这个朋友根本就没有看到你而已。

总是感觉不好的事情就要发生，尽管这并不是真的，就像一个抑郁症患者说的那样，“我预感到我的抑郁症会一直持续下去，无药可救”，于是他就有了放弃治疗的想法，但是之后的治疗其实很成功。

（五）夸大与缩小，片面地认识

不合理地夸大事物（如夸大自己的错误），或者不合理地缩小事物（如对自己的优点不屑一顾），都是认知的扭曲。

（六）习惯于情绪化推理

将自己的情绪作为事实的依据，推理一件事物不是靠证据，而是靠自己的情绪。这种错误的认知会导致做事拖拉。

（七）喜欢给别人贴标签

有些人喜欢给别人贴标签，而且并不准确，或者用情绪化的言语来贴标签，这样做实际上是错误的。用一个标签直接概括某个人的整体形象，进而导致对其时常产生敌意。

这种贴标签的行为也预示着给人本身塑造一种消极的形象，而实际上人所做的任何事情都不能与人自身相提并论，任何人、任何生命都是在不断地变化的，而不是一成不变的。

（八）罪责感

很多时候，即使没有任何依据，你也会觉得自己应该为某些事情负责，而实际上你并没有这个责任。比如一位咨询师因为自己的来访客人没有达到预期的治疗效果而产生负罪感。

罪责归己会使你觉得整个世界的重量都压在你的肩膀上，但在日常生活中，别人的所作所为，最终还是要由他自己来承担后果，而不是你的责任。

八、化解心理压力的途径

（一）正确地看待自己

客观认识自我，既要看到自己的优势，也要看到自己的不足。客观分析现实条件，然后准确地进行角色定位。设置现实可行的目标，让自己在轻松愉快的心情中，通过奋斗而获得进步。

（二）以积极的态度看待压力

既然有些压力客观存在，那么就要坦然接受。既要看到这些压力可能造成的不利影响，也要看到其存在的积极意义，以正向乐观的态度对待压力，摆脱没有意义的困扰。

（三）不断提高自身素质

加强知识学习，提高解决问题的能力。进行经常性的、积极的自我暗示，锻炼坚强的意志，培养良好的习惯，在工作和生活中保持规律，做到张弛有度。

（四）学会自我减压的方法

学会用宣泄的方法释放压力，利用转移的方法暂时摆脱压力的持续影响，掌握放松情绪的训练技巧以使精神减压。

（五）建立良好的社会支持平台

加强人际交往，促进人际沟通，增进人际理解，融洽人际关系，努力建立良好的社会支持平台，在面对压力事件时，为从社会环境获得物质及精神上的支持创造有利条件。

第七节 危机干预

心理危机是指当人们面临突然或重大生活逆境时，如亲人故去、婚姻破裂或天灾人祸等所出现的心理失衡。心理危机需具备 3 个条件：出现较大心理压力的生活事件；出现一些不适感，但尚未达到精神病程度，不符合任何精神病诊断标准；依靠自身能力无法应付困境。

一、心理危机的反应

心理危机的反应主要表现在生理、情绪、认知和行为方面。

（一）生理方面

包括肠胃不适、腹泻、食欲下降、头痛、疲乏、失眠、做噩梦，容易受到惊吓，感觉呼吸困难或窒息、肌肉紧张等。

（二）情绪方面

常出现害怕、焦虑、恐惧、怀疑、不信任、沮丧、忧郁、悲伤、易怒、绝望、无助、麻木、否认、孤独、紧张、不安、愤怒、烦躁、自责、过分敏感或警觉、无法放松、持续担忧、担心家人健康、害怕染病、害怕死去等。

（三）认知方面

常出现注意力不集中、缺乏自信、无法做决定、健忘、效能降低、不能把思想从危机事件上转移等。

（四）行为方面

表现为反复洗手、反复消毒、社交退缩、逃避疏离、不敢出门、害怕见人、暴饮暴食、容易自责或怪罪他人、不易信任他人等。

二、心理危机产生的原因

引起心理危机的原因是多种多样的，通常有以下几种：

（1）丧失因素，例如财产、职业、躯体、爱情、地位、尊严等的丧失。

（2）适应问题，例如新岗位的适应、新环境的适应等。

（3）矛盾冲突，指面临各种急需解决的矛盾及长期的心理冲突。

（4）人际纠纷，指长期或持续的人际关系纠纷。

三、心理危机的发展过程

心理学研究表明，人们对危机的心理反应通常经历 4 个不同的阶段。

（一）冲击期

发生在危机事件后不久或当时，感到震惊、恐慌、不知所措。

（二）防御期

表现为想恢复心理上的平衡，控制焦虑和紊乱的情绪，恢复受到损害的认识功能。但不知如何做，会出现否认、合理化等认知错误。

（三）解决期

积极采取各种方法接受现实，寻求各种资源努力设法解决问题。焦虑减轻，自信增加，社会功能恢复。

（四）成长期

经历了危机后变得更加成熟，获得应对危机的技巧。然而有些人由于消极应对而出现心理不健康的行为。

四、心理危机的表现

一般的心理危机的表现有以下几种：

(1) 创伤后应激障碍；

(2) 自杀；

(3) 暴力；

(4) 滥用药物；

(5) 攻击性行为。

五、心理危机的后果

心理危机是一种正常的生活经历，并非疾病或病理过程。每个人在不同的人生阶段都会经历危机，由于处理危机的方式不同，所产生的后果也不同。一般有4种后果：

(1) 顺利度过危机，并学会了处理危机的方法和策略，提高了心理健康水平；

(2) 度过了危机但是留下了心理创伤，影响今后的社会适应能力；

(3) 经不住强烈的刺激而自伤自毁；

(4) 未能度过危机而出现严重的心理障碍。

六、心理危机的影响因素

(1) 个体的个性特点；

(2) 对事件的认知和解释；

(3) 社会支持状况；

(4) 以前的危机经历；

(5) 个人的健康状况；

(6) 干预危机的信息获得渠道及其可信程度；

(7) 危机的可预期性和可控制性；

(8) 个人适应能力；

(9) 所处的环境。

七、心理危机干预的目的

心理危机干预的目的主要有两方面：

（1）避免自伤或伤及他人；

（2）恢复心理动力平衡。

八、心理危机干预的工作环节

（1）发现；

（2）监控；

（3）干预；

（4）转介；

（5）善后。

九、心理危机干预的程序

危机干预的程序主要采取“六步法”：

（1）确定问题；

（2）保证安全；

（3）给予支持；

（4）提出并验证可变通的应对方式；

（5）制订计划；

（6）得到承诺。

十、心理危机干预的关注对象

心理危机干预的关注对象是心理素质教育工作与心理测评中发现以及筛查出来的有心理障碍、心理疾病或自杀倾向的人员，包括以下 12 类：

（1）遭遇突发事件而出现心理或行为异常的学生，如家庭发生重大变故、遭遇性危机、受到自然或社会意外刺激的学生；

（2）患有严重心理疾病，如患有抑郁症、恐怖症、强迫症、癔症、焦虑症、精神分裂症、情感性精神病等疾病的学生；

（3）既往有自杀未遂史或家族中有自杀者的学生；

（4）身体患有严重疾病、个人很痛苦、治疗周期长的学生；

（5）由于学习压力过大、学习困难而出现心理异常的学生；

（6）个人感情受挫后而出现心理或行为异常的学生；

（7）人际关系失调后而出现心理或行为异常的学生；

（8）性格过于内向、孤僻，缺乏社会支持的学生；

（9）严重环境适应不良而导致心理或行为异常的学生；

（10）家境贫困、经济负担重、深感自卑的学生；

（11）由于身边的同学出现个体危机状况而受到影响，产生恐慌、担心、焦虑、困扰的学生；

（12）其他有情绪困扰、行为异常的学生。

第六章 防校园暴力

校园暴力作为一个严重的社会问题，已经引起社会各界的普遍关注，而预防和减少校园暴力的发生则是一个系统性工程。只有全社会共同行动起来，国家、社会、学校、家庭等方面都采取一些积极有效的措施，才能最大限度地预防和减少校园暴力事件的发生，共同为广大中小学生创建一个文明和谐的校园育人环境。

第一节 校园暴力的分类

发生在校园内、学生上学或放学途中、学校的教育活动中，由老师、同学或校外人员蓄意滥用语言、躯体力量、网络、器械等，针对师生的生理、心理、名誉、权利、财产等实施的达到某种程度的侵害行为，都算校园暴力。1996 年第 49 届世界卫生大会首次将暴力作为严重危害健康的公共卫生问题，并从医学的角度将暴力定义为："暴力是指蓄意地运用权力或躯体力量，对自身、他人、群体或社会进行威胁或伤害，造成或极有可能造成损伤、死亡、精神伤害、发育障碍或权利剥夺的行为。"

校园暴力包括语言暴力、肢体暴力、关系暴力、网络暴力等。

一、语言暴力

语言暴力，就是使用谩骂、诋毁、蔑视、嘲笑等侮辱歧视性的语言，致使他人的精神和心理遭到侵犯和损害，属于精神伤害的范畴。而低龄语言暴力，就是限定了施暴者或受暴者是青少年。很多情况下，语言暴力源自不平等的相互关系，受害者通常缺乏自卫的能力，未成年人遭受的语言暴力就属于这一类。

案例

晓玲自从戴上牙套之后，就开始了一连串的噩梦，班上同学给她取了“牙套妹”“丑八怪”等一些难听的绰号，而且不管她走到哪里，这些绰号都会紧跟着她，晓玲感到既生气又难过。

案例

有一名同学，父母离异后就一直跟奶奶一起生活。他将自己的家庭状况作为一个秘密，不愿和同学讲起。可老师总是有意无意地提起这件事，使这位同学无比烦恼，心灵受到了很大的创伤。有一次，老师当着全班同学的面说：“某某父母离婚了，大家多帮助他。”尽管是出于好意，可他觉得自己的隐私被公布于众，很没有脸面。某次他犯了错误，老师又拿这件事来说教：“没爹没妈养的，这么一堆坏毛病。”

案例

某学校初三学生孙某，平时性格内向，虽成绩较差但从不惹是生非。有一次，上课时老师让孙某到黑板前做习题，他迟迟未能完成，老师无法克制急躁的情绪，当着全班同学的面说他：“爹妈生了你这个不中用的儿子，不争气，长大只能去做馒头！”这句话深深地刺伤了他。

二、肢体暴力

肢体暴力是所有暴力中最容易辨认的一种暴力行为，它有着相当具体的行为表现，通常也会在受害者身上留下明显的伤痕。包括踢打同学、抢夺他们的东西等。施暴者的暴力行为也会随着他们年纪的增长而变本加厉。

案例

某日下午2时许，中学生王某正在游戏厅玩游戏机，她的同学冯某向她借游戏币，她不肯，冯某动手打了王某的头部。王某拿起半瓶矿泉水朝冯某的肚子打了几下，之后冯某朝王某的肚子猛踹。下午4时许，肚子疼得厉害的王某被送到医院，经诊断为脾脏破裂。

案例

某学校初二男生遭遇校园暴力，放学途中被围殴十几分钟，经抢救无效死亡。学校附近一家餐厅的工作人员回忆，当时有一些孩子还拿着棍子，一把就抓住了被打男孩的校服领子。男生曾经两三次冲出殴打人群，但都被抓回来继续挨打。“因为学校附近经常出现学生打架的事，大家都习惯了，谁也没想到会出人命。”

三、关系暴力

关系暴力又称为“冷暴力”，它是最常见，也是最容易被忽视的，通常是施暴者通过说服同伴排挤某人，使弱势同伴被排挤在团体之外，或借此切断他们的关系，让他们觉得被排挤。这一类型的暴力往往牵涉到言语的暴力，常会牵涉散播不实的谣言，或是排挤、离间小团体的成员。与此类暴力伴随而来的人际疏离感，经常让受害者觉得无助、沮丧。

案例

每次小美的成绩只要比阿宏的好，阿宏就会跟其他同学说是小美作弊的缘故，久而久之大家都相信了，小美觉得自己被陷害又被班上同学排挤，她本想在中学生活中留下美好的回忆，现在却像是一个遥远的梦。

案例

小君认为小怡抢走了她的好朋友，因此非常讨厌她，还叫大家不要理她，如果有些同学私下跟小怡一起玩，就会被小君警告。久而久之，小怡再也没有朋友了。

案例

小伟来到了一个新集体，他发现英语老师的发音极不标准，向老师提出后，老师开始排斥小伟，小伟觉得自己被丢弃在了一个黑暗的角落里。后来他不再像先前那样难受，因为在这个英语老师的眼中，只有几个同学才是他的学生，其他很多同学和小伟一样都得不到应有的关心。小伟在日记中写道："一想到以前自己在英语课堂上出色的表现，我心情就很低落。所以我想通了，就一个人努力自学。但你知道我自己一人时流过多少眼泪吗？我多想回到从前没有伤心、没有阴霾的学校生活啊！"

四、网络暴力

一般而言，网络暴力是指通过网络发表具有攻击性、煽动性、侮辱性的言论，这些言论打破道德底线，造成当事人名誉受损。

网络暴力不同于现实生活中拳脚相加的暴力行为，而是借助网络的虚拟空间用语言、文字、图像等对人进行讨伐与攻击；不但对事件当事人进行人身攻击，恶意诋毁，更将这种讨伐从虚拟网络转移到现实社会中，对事件当事人进行"人肉搜索"，将其真实身份、姓名、照片、生活细节等个人隐私公布于众；使用的语言文字攻击性极强，出言刻薄，有些甚至恶毒、残忍、不堪入目，严重违背人类公共道德和传统价值观念。网络暴力不但严重地影响了事件当事人的精神状态，更破坏了当事人的工作、学习和生活秩序，甚至造成严重的后果。

第二节　校园暴力的危害

近年来，越来越多的校园暴力事件出现在人们的视野中，打开网络，每天都可以看到有关校园暴力的新闻、视频。这是我们所见到的校园暴力事件，但是由于校园暴力具有一定的隐蔽性，受害人受到对方的威胁而不敢向老师、家长和有关部门报告，往往是在造成了一定的后果后，学校、家长才会得知，才会进行处理。校园暴力的危害是很大的，而且不管是对施暴者还是受害者，它所造成的影响是长时间存在的。总之，校园暴力具有非常严重的危害，具体来说，主要是以下几点。

一、造成青少年人生观、价值观扭曲

青少年正处在生理、心理发育期，还没有建立完整的人生观和正确的价值观，如在这期间，学生身边校园暴力事件不断发生且得不到有效控制，就会歪曲青少年的人生观、价值观，破坏他们积极进取、努力奋斗的正确信仰，导致他们形成崇尚暴力、不劳而获、藐视法律的错误观念；并且会在青少年中造成一种不良暗示：邪恶比正义更有力量，武力比智力更有价值。这些错误认知导致他们在有了力量以后再去侵害比他们弱小的人，甚至成年以后还实施虐待妻儿、抢劫钱财等更为严重的暴力犯罪行为。今日的问题学生，很有可能就成为以后的犯罪分子，其后果相当危险。

二、影响青少年身心健康和学业

校园暴力会影响学生身心的健康发展，导致不健全人格的形成。这种危害不仅体现在受害者身上，施暴者的身心同样不能得到健康发展。对受害者而言，整日生活在暴力的阴影当中，学习成绩一般都下降严重。有的学生身体受伤要住院治疗，正常的学习被迫中断；有的学生性格发生变化，沉默寡言、孤僻古怪，缺乏信心和勇气，自卑、逃避人群；有的学生甚至因为无法承受压力而自杀，等等。对施暴者而言，有可能导致其形成反社会人格，走上犯罪的道路。这种伤害对于青少年的影响是终生的。

三、给家庭的生活以及家长的工作带来影响

校园暴力可使家长的工作和生活受到影响。由于担心校园暴力发生在自己孩子身

上，许多家长亲自接送孩子上下学。不管自己的孩子成为施暴者还是受害者，这个家庭所受到的影响都是巨大的，都会影响家庭的日常生活以及家长的工作，严重的甚至致使家庭不再完整，给家庭造成永久性的伤害。

四、破坏社会秩序

校园暴力事件影响了学校的正常教学秩序，给学校管理带来困难。校园暴力事件侵犯了公民的人身和财产权利，有的会危害公共安全，引发学生和家长的恐慌，以及人们的信任危机，妨碍社会管理秩序。

第三节　应对校园暴力

校园原本应该是最单纯、美好的地方，充满了童真和友爱，而校园暴力玷污了这本该美好的净土，给无忧无虑的学生生涯蒙上了一层阴影，那么我们究竟应该如何应对校园暴力呢？

一、个人做法

（1）遇到校园暴力，一定要沉着冷静，采取迂回战术，尽可能地拖延时间；

（2）必要时，向路人呼救求助，采用异常动作引起周围人的注意；

（3）人身安全永远是第一位的，不要去激怒对方；

（4）从对方言语中找出可插入话题，缓解气氛，分散对方的注意力，为自己争取时间；

（5）同学之间上下学尽可能结伴而行；

（6）穿戴用品尽量低调，不过于招摇；

（7）在学校不主动与同学发生冲突，一旦发生冲突及时找老师解决；

（8）独自出行时，不要走僻静、人少的地方，要走大路。

二、老师做法

（1）立即介入，一发现暴力事件就立刻去阻止它。

（2）将施暴者与受害者分开谈，如果施暴者不止一位，应快速地将每个人分开谈。

（3）与其他的老师讨论以取得更全面的资讯，并检视学校可运用的资源。

（4）运用校规或班规告诉施暴者，他的行为是不可接受的，告诉他将要受到的惩罚，而且通知他的家长到学校做处理。

（5）向受害者保证会采取措施，避免暴力情况再次发生。

（6）讲究时效，尽快通知双方家长，最好是事发当天就打电话告知，之后立即安排与家长的面谈。

（7）对于施暴者的再教育相当重要，除处罚之外，更重要的是降低他的攻击性并且增强其同理心。

（8）保持与家长以及相关人员的沟通，直到事情完满解决。

（9）持续监督施暴者的行为以及注意受害者的情况。

三、家长做法

（一）如果孩子是受害者

（1）第一件事情便是直接与孩子讨论。通常孩子会因为羞耻和尴尬而不愿和父母谈论。所以应该要适时鼓励，让孩子知道可以信任父母，并且随时可以得到父母的帮助。同时家长也须注意孩子是否有恐惧上学、缺少朋友、丢三落四、突增焦虑紧张感等征兆。

（2）和学校合作确认孩子的安全，确认学校是否对施暴行为有所处置且学校对学生的管教和注意是适当的。如果施暴的情形发生在往返学校的路上，那么应安排较年长的学生陪同其上下学，或亲自接送孩子直到问题解决。

（3）如果孩子因内向害羞而缺少社交，应多帮他安排与其兴趣相符的社团活动，以及培养孩子适当的社交技巧，帮助他建立自信心，这对于施暴事件与往后的生活都有相当大的帮助。

（4）建议学校实行全面的反暴力活动，并加强学校老师与家长的联系，共同建立一个安全且温暖的环境。

（二）如果孩子是施暴者

（1）跟孩子、老师或学校相关人员讨论校园暴力行为。

（2）清楚地告诉孩子其施暴行为是不被容许的，并跟孩子讨论受害者可能受到的负面影响，决不能接受孩子“只是好玩”之类的理由。

（3）安排一个有效而非暴力的惩罚，惩罚的方式要与你的孩子的施暴行为有关且符合他的年纪与认知发展，这样的惩罚可宣示你的权威并有效阻止施暴行为。

（4）加强你对孩子所参与活动与行踪的掌控，并了解他与哪些人往来，花时间陪你的孩子并且为他制定合理的活动规范。

（5）与学校合作矫正孩子的攻击行为，经常与学校老师保持联系，及时了解孩子是否有所改变。

（6）赞美孩子非暴力行为与负责的表现，遵守学校与家庭的规范也值得鼓励，只要看到孩子为改善施暴行为而努力就大力赞扬他。

（7）有暴力的电视、影片、动画片或是玩暴力的电玩都会增加孩子的暴力与攻击行为，建议改变全家的娱乐习惯。

（8）家庭成员间不应有暴力行为，家庭中暴力行为的示范作用会导致孩子在学校使用暴力，也会影响到他往后对问题的解决方式。

第四节　校园暴力的预防机制

当前频发的校园暴力事件引起了社会各方的高度关注，如何有效防范校园暴力成为一项急需解决的课题。校园暴力存在着案发地域范围广泛、手段残忍、性质严重、低龄化等发展趋势。建立健全校园暴力的预防机制是当前迫切的需要。

一、家庭预防

家庭是人生的第一课堂，是未成年人社会化的首要场所，是预防校园暴力的头道防线。家庭功能的有效发挥是未成年人健康成长的基本条件，良好的家庭教育是保证未成年人树立良好人格、顺利完成社会化过程的先导。校园暴力的家庭预防应做好以下工作。

（一）家长重视与子女的沟通和交流

家长首先要了解孩子看什么书、影视作品，都与谁交往；这些书籍、影视作品、所交往的人群对孩子的人生观、世界观会产生什么影响。家长要尽可能地保持与孩子的感情交流和沟通。如果孩子愿意与家长交流、沟通，家长的意见就会在很大程度上对孩子产生影响，家长也会因此发现一些征兆和苗头，并及时予以合理的解决，那么，孩子出现校园暴力问题的可能性就很小。在与孩子交流时，切忌态度生硬，或只提要求，而是应该以开诚布公的方式与孩子交流和沟通，使孩子心甘情愿地与家长探讨一些问题。

在青少年时期，父母和教师无法替代未成年学生的朋友所给予他的友谊及朋友对他的影响作用。父母应充分认识到这一点，并据此采取相应的教导方法，以期收到较好的效果，帮助他们慎重选择朋友、玩伴。毕竟未成年人思想尚未成熟，辨别是非的能力不强，对友谊的理解难免有偏差，一旦交友不当，轻则越轨，重则违法犯罪。这就需要父母给予正确指导，帮助学生明确择友标准。

（二）家长提高自身素质，形成示范作用

家长除了要努力为孩子的健康成长创造一个良好的家庭氛围外，还要加强自身修养，规范自身行为，努力学习科学教育方法，言传身教，以自己良好的为人处世方法为孩子树立学习的榜样，通过有形、无形的日常生活习惯影响孩子的行为准则，以自身的榜样力量感染和熏陶孩子，帮助他们树立起积极、健康、向上的人生志向，远离不良青年，远离校园暴力。

（三）倡导健康的家庭教育方式，提高家长家教水平

家长的家庭教育方式可分为 4 种类型：过分干涉型，它使孩子缺乏思维的批判性，做事没主意，影响孩子将来的创造力；严厉惩罚型，它使孩子性格压抑，唯唯诺诺，影响孩子健康人格的发展；过分保护型，它使孩子失去正常的、积极的、自由发展的个性，培养出的孩子怯懦、依赖与无能；理解民主型，它给孩子心理和人格发展提供了广阔的空间，孩子可以按照自己的爱好和兴趣发展，理性地成长。

家长应该经常反思，我们给了孩子怎样的家教，怎样做才能取得更好的效果。我们倡导理解民主型的家庭教育方式。在这种类型的家庭中，父母能充分理解孩子的兴趣和要求，经常向他们提供足够的信息，并引导孩子自己做出选择和决定。父母既爱护孩子又持冷静的态度。在过分干涉型的家庭中，父母不理解孩子的需要，常用指责和命令的方式来强迫孩子服从，这种教育方式容易导致孩子逆反心理的发展和人格的异常。在过分保护型的家庭中，父母对孩子百依百顺，这种教育方式不易及时纠正孩子的不良习惯，父母的溺爱容易导致部分未成年人走上违法犯罪之路。在严厉惩罚型的家庭中，父母的管教方式只是一味地惩罚、打骂，或者是因惩罚无效而放任不管，这种教育方式容易使孩子自暴自弃、放荡不羁，“养不教，父之过”，这是父母的失职。研究表明：家庭束缚很少的孩子和家庭束缚很多的孩子相比，竞争意识弱，但注重友情；在较宽容的家庭环境中长大的孩子和受严厉管教的孩子相比，更加体贴他人，并对别人的批评很敏感；民主家庭中的孩子比专制家庭中的孩子更富有同情心，其人际关系相对协调，情绪相对稳定。

对已经有不良行为的孩子进行教育时，家长应当慎之又慎。如果在对有不良行为的孩子进行教育时与学校出现分歧，应加强与学校的沟通，通过正常、理性的渠道求得解决。

（四）教育孩子学会自我保护

要教会孩子拒绝。比如，当有陌生人约请孩子去陌生的地方玩耍时，要断然拒绝；当有自己不熟悉的人以吸引人的许诺要求自己做某件事情时，要学会拒绝。要让孩子永远记住一点：天上掉馅饼这样的好事是不存在的。

二、学生预防

（一）学会自制

（1）学会超越“此时此地”的处境来看待问题。心理学理论指出，破坏自制力的一个因素就是人的低级思考状态——过分专注于“怎么做”、专注于细节问题，而不去思考“为什么做”以及行为背后的道德等更深层面。要学会在更大的背景下去考虑自己的行为。“三思而后行”的说法，其内涵正是如此。

（2）保持积极乐观的心态。情绪的低落会削弱人的自制力和其他防卫意识，使人越过道德的边界，应当及时发现问题并采取应对措施。对于愤怒感和挫折感等负面情感，要学会冷静面对，不要采用危害他人的发泄方式。

（3）减少自己对暴力冲动的默从，学会更多的面对现实的方法。通常，人们在冲动的时候，内心并不糊涂，也就是俗话说的“酒醉心明”。但是有的人会让自己顺从这种失控，潜意识里放弃对自己的控制，以此来缓解压力。一个人要培养强健的心灵，就要形成坚强的自制力。

（二）增强挫折容忍力

1. 把握恰当的期待值

期待值的确定既要符合自己的主观实际，又要有客观可能性。即所期待的目标最好是在现有社会可能提供某种条件的前提下，经过自己的努力和奋斗可以实现的目标，而不是超越社会现实和自己的实际能力，提出不切实际、可望而不可即的目标。

2. 增强心理承受力，摆正自我的位置

心理承受力是影响青少年心态的重要因素。顺境时，要冷静客观，切不可忘乎所以、狂妄自大，否则，即使是成功也将成为失败的前奏，“骄兵必败”就是这个道理。逆境时，不要怨天尤人，不要失去信心，不要放弃理想，而是要发现问题，找出原因，吸取教训，开始新的奋斗。这样，每一次失败都为成功积累了经验，都是朝着成功迈近了一步。此外，还要摆正自我的位置，这对于青少年调整心态也具有积极的意义。有些青少年之所以产生消极心态是由于没有摆正自己在社会、集体中的位置。要正确认识自我在社会、集体中的位置，正确对待个人得失，正确处理奉献与索取的关系，正确看待自己的人生价值。

3. 理智地处理所遇到的问题

在处理问题时，应不刻板，有弹性，有较强的应变能力，冷静地审时度势，用对事物的理性认识驾驭个人情感，可以适当地使用幽默的方法。在处于困难尴尬的情形时，通过比喻、寓意、双关语、谐音等方法，机智、风趣地说出自己的意图，以缓和紧张气氛，解决争端，消除不和谐因素及心理冲突。

（三）学会同情和内疚

同情是暴力的抑制剂之一。它意味着一个人自发地去考虑别人的感受。和自制力一样，同情心也是可以通过后天的学习而逐渐被强化的。青少年应该培养为别人着想的自觉性，做到想他人所想、急他人所急，完成这种“精神上的体育锻炼”。随着中学生年龄的增加、教育的深入和社会化认知的完善，他们也将更友善地对待他人。

内疚有时候也被称为“负罪感”，是一种防止暴力的重要情感。一般来说，它是人在做错事之后产生的一种内心不快情绪。但实际上在错误发生之前，人们也能预感到自己将会内疚，从而主动地纠正自己的行为以免内心有不快情绪。我们应通过教育使学生更多地去“预感”即将到来的内疚，引发学生内心产生约束力，达到避免暴力的目的。

（四）增强法制意识，维护自己的正当权益

青少年要加强自我保护意识，自觉增强法制意识，能够勇敢地站起来，拿起法律武器维护自己的正当权益。学生在面对暴力时，要有勇气和一定的策略。面对高年级同学以及校外人员的侵害要及时向父母和老师汇报；对于老师的侵害要及时向父母和学校领导汇报；对于学校管理人员的侵害要及时向父母、学校领导或者教育行政主管部门汇报；对于严重侵害行为可以向公安机关报案或者向人民法院起诉等。

三、学校预防

学校是未成年人活动的主要场所，学生的道德养成、人格净化、知识积累等与学校教育密切相关，强化学校教育、培养学生健康人格是预防和控制校园暴力的重要一环。预防和减少校园暴力，学校首先必须承担起自己的责任。学校是校园暴力的发生地，有条件对校园暴力在第一时间做出反应。学校要依照我国《未成年人保护法》《预防未成年人犯罪法》和教育行政部门的有关规定，从保护学生健康成长、对国家民族未来负责的高度出发，树正气、压邪气，严格施教，大胆管理。

（一）贯彻落实《教育法》《义务教育法》，强化德育

各级中小学校要坚持办学的社会主义方向，重视并加强德育，培养学生德、智、体、美、劳全面发展，改变部分学校重智育轻德育、片面追求升学率的现象，避免人为地区分重点校与非重点校、快班与慢班、优等生与差等生；建立健全德育规章制度；落实德育大纲，在中学生开展“五爱”教育；制订中小学德育计划，加强学生文明行为规范的教育；加强学生理想、道德、法制教育，培养学生正确的人生观、价值观和世界观；拓展德育的领域和形式，进行家庭教育服务、咨询，组织学生参加社会实践活动；在中小学校落实德育工作，要不定期组织社会各界和群众予以监督检查。

（二）转变教育态度，提倡文明教学

教师为人师表，他（她）的一言一行对学生的榜样作用是非常大的。公正地对待每一个学生是教师最基本的职业道德。如果教师只关注那些成绩好的学生，而忽视甚至讨厌成绩差的学生，那就是对后者的不公正。《未成年人保护法》规定，学校的教职工应当尊重未成年人的人格尊严，不得对未成年人实施体罚、变相体罚或者有其他侮辱人格尊严的行为。学校的教职工若违反上述规定，将由其所在的单位或上级机关责令改正；情节较重的，依法给予行政处分或者解聘；造成财产损失或者其他损害的，依法承担民事责任；构成犯罪的，依法追究刑事责任。鉴于此，学校要坚持不懈地进行师德建设，选拔和任用有爱心、有责任感、有正义感的教师到第一线工作，根据学生、教师、家长的反馈信息及时对教师的师德进行评价，奖优惩劣，努力形成尊师爱生的教育观念，帮助教师们寻求解决问题的最佳途径，最大限度地实现教育目标，从而避免因教师在认识上的局限性而导致一些违背教育规章的行为发生。

（三）加强学校管理，完善各种制度

1. 奖惩制度

每所学校都有自己的奖惩制度。而事实上，得到奖励的往往是少数学生，大多数学生得不到奖励，有些学生就觉得不公平，特别是那些因种种原因受到惩罚的学生，就更感觉不公平。因此，奖惩不仅要明确条件，而且要及时，提前和滞后奖励或者处罚均属不妥。应尽可能扩大奖励范围，减少处罚；必须加以惩罚的，也要慎之又慎，绝对杜绝体罚或变相体罚。可将刑法中的“缓刑制度”引入对违规学生的惩罚规定中。

2. 关注学生交友情况，保持与学生的沟通

交友是未成年人生活中的一项重要内容。不良朋友是产生校园暴力的直接而且是重要的因素之一。因此，学校应当注意学生的交友情况，并向学生提供选择朋友的知识与

技巧，要注意学生的比较亲密的朋友中是否有校外人士，尤其是校外不良同龄人；增进校园民主，采取更多的与学生沟通的方式，以保证师生之间沟通顺畅，有助于学校及时了解学生的日常生活、交友情况等。同时，一旦学生遭受校园暴力的侵害，受害学生也会更加愿意将有关情况报告给学校，以求得学校帮助。

3. 注意学生到校情况，禁止学生进入网吧等场所

学校应当注意学生是否缺课，如果有同学缺课，一定要搞清楚该学生缺课的原因，了解该学生的去向。尤其要注意禁止学生进入网吧等不适宜未成年人出入的场所，因为这些场所发生暴力行为的可能性较大，成为暴力行为的施暴人或受害人的概率就必然加大。当然，有关部门严格取缔校园周边地区的网吧等场所，也会在一定程度上减少和预防校园暴力的发生。

4. 组织丰富的课外活动，加强学校与家庭的联系

虽然有一些校园暴力发生在课间，但一些严重的暴力事件往往发生在学生放学以后。因此，学校除了增加在校园内的巡逻、及时发现和处理发生在校园内的暴力事件外，应当保持与学生家长的联系，协助学生家长安排学生放学后的生活和学习。

学校应当充分意识到课外活动的重要性，积极发挥共青团、社团的作用，组织开展丰富的课外活动，如参观各类教育基地、历史博物馆，祭扫烈士陵园，举办知识竞赛、演讲比赛、特长训练等，把精力充沛的中学生的情趣引导到健康向上的轨道上来，防止中学生结交不良伙伴或外出寻求刺激而走上违法犯罪之路。

学校应当定期、不定期地召开家长座谈会，举行家长参观、接待活动，努力开展家访等工作，加强学校与家庭的联系，增进双方有关管教和辅导学生的方式、理念的沟通，及时发现问题，共同防止和矫治未成年人的不良行为，减少未成年人违法犯罪行为的发生。

（四）加强法制教育，防患于未然

邓小平同志指出："法制教育要从娃娃抓起，小学、中学都要进行这个教育，社会上也要进行这个教育。"未成年人违法犯罪的原因是复杂的，不知法、不懂法、法制观念淡漠是重要原因，校园暴力也是如此。加强未成年人的法制教育刻不容缓。各级各类学校开展法制教育要注意以下几点：一是要切实根据《预防未成年人犯罪法》的要求落实，并做到经常化、制度化；二是要注重法制教育形式的灵活多样、丰富多彩，例如讲故事、做游戏、参观，举办法律知识竞赛和模拟法庭，请校外法制辅导员进行法制讲座

等形式，以适应中学生年龄、心理等的不同特征，做到联系实际，举案论法，提高学生明辨是非、区分罪与非罪的能力，强化学生遵纪守法的意识，并能运用法律予以自我保护。

还应尽量避免盲目的法制教育。现在有的中小学法制教育存在一个误区，那就是请法律人士与学生进行接触，但需要指出的是，由于他们与学生很少接触，不了解学生的心理，许多讲座和报告根本不适合学生的心理，相反里面的许多反面实例会成为学生学习的“榜样”，这就与法制教育的意愿相悖。因此可通过对与学生接触最为密切的教师、家长进行培训、讲座，使他们将法律知识内化吸收，再通过他们教给学生，相信会具有事半功倍的效果。同时在此过程中，也增强了教师与家长的法律知识与意识，能更好地去指导与约束学生，避免更多暴力现象的出现。

法制教育不应局限于校内，更不应局限在课堂上。法制教育是一项系统工程，除学校外，还需要政府部门和家长的配合，因此应把教师的课堂教学和课外活动结合起来。比如组织法律知识竞赛、组织学生参观少管所、对学生开展模拟法庭活动等，让他们不仅用头脑“记忆法律”，更要用眼睛“看法律”、用耳朵“听法律”，在各种活动中增强他们的法制观念，并内化为守法、护法的意识。只有这样，才能更好地树立未成年人的法制观念，养成依法办事、依法维护自身权益的良好习惯，更好地预防校园暴力的发生。

第七章　防诈骗

近年来，诈骗案件数量呈现持续上升态势。随着学校校园日益“社会化”，诈骗案件在学校时有发生。虽然警方不断加大打击力度，同时，还不断通过新闻媒体、张贴宣传画、文艺演出等形式进行反诈骗的宣传，但还是有不少人上当受骗。这些诈骗招数中除了有常见的易拉罐中奖、算命、假金元宝、假药、调包、返还电话费和网络购物招数之外，还有新近冒出的低息贷款等骗术。

第一节　诈骗的种类与特点

诈骗是指以假冒、伪造等欺骗手段，用虚构事实或者隐瞒真相的方法，非法占有公私财物的犯罪行为。从作案的手段看，诈骗属于智能性犯罪，犯罪的目的是骗取公私财物归为己有；从犯罪类型看，诈骗属于侵犯财产罪，同时兼有多种犯罪。诈骗案件的犯罪分子通常是假冒身份、编造谎言、流窜犯罪、重复作案。

一、诈骗的种类

（1）靠封建迷信骗人的诈骗，包括通过看风水、相面、算卦、装神弄鬼等诈骗。

（2）靠假象骗人的诈骗，包括伪装成乞丐、残疾人诈骗，伪装成受害者诈骗，“碰瓷”诈骗等。

（3）靠手段骗人的诈骗，包括网络诈骗、手机诈骗、虚假信息诈骗等。当前发生的诈骗犯罪类型中，调包、退还电信话费、借打电话骗走手机、银行自助柜员机取款诈骗等比较多。

二、诈骗受害人的特征

诈骗案件受害者多为女性，尤其是文化程度不高的女性。年轻人易落入“打电话骗手机”的骗局，中老年人则易落入调包、算命和假金元宝诈骗中。

诈骗分子还在学生身上打主意，抓住学生自控能力差的特点，网络中虚假信息诱惑是其主要手段，与银行自助柜员机取款有关的诈骗案件也时有发生。

三、学校常见诈骗案件的特点

（一）流窜作案，难以确定发案地点

诈骗案件犯罪分子的活动规律是流窜作案，往往跳跃几个辖区作案，难以确定犯罪现场。

（二）人财皆取，一箭双雕

发生在学生中的诈骗案件中，除了财物诈骗外，有的还欺骗学生感情。

（三）危害严重，损失大

诈骗案是一种危害严重的侵财犯罪，受害人财物损失数额较大。

（四）顾全名誉，隐情不报

这也是学校诈骗案件的一大特点，学校诈骗案的受害人中，有许多学生出于轻信谎言上当受骗，一旦醒悟过来发现被骗懊悔不已，但又觉得自己为骗子荒诞无比的谎言所迷惑，声张出去，有失体面。

（五）动机不明，定性困难

诈骗案件是一种手段多样、情节复杂的疑难案件，在司法实践中，有些诈骗案件的

动机不明显，往往与其他经济案件相混淆，难以定性。

四、诈骗分子常用的诈骗手段

诈骗案件作案手段简便，既不像盗窃案件那样需要破坏工具，也不像抢劫案件那样采取暴力侵袭。诈骗分子实行诈骗的手段常见的有以下几种。

（1）假冒身份，寻机作案。伪装身份，编造谎言是诈骗分子常用的骗术。在作案过程中，为了既能骗取财物又不露马脚，诈骗分子常采取多种活动方式寻机作案，财物到手即逃。

（2）手段隐蔽，以网络、虚假信息诱惑设下骗局。虚假信息行骗也是近年来诈骗分子的常用骗术。一般以网络购物诈骗、中奖诈骗为主，然后携款一去不复返。

（3）投以诱饵，使人图小利而破大财。一些犯罪分子采取设托行骗方式。

第二节　诈骗的防范

“人在家中坐，骗从天上来”说的就是网络电信诈骗，双方不见面，诈骗分子也能轻松骗走你兜里的钱。骗术千千万，做好防范是关键。

一、如何防止受骗

（1）每个人都要有一个清醒的头脑，要克制自己的“好奇心”，不给骗子可乘之机。决不为骗子们的花言巧语所迷惑，也不为蝇头小利而动心，不要企图从别人的“施舍”“照顾”中获得实惠，也不要轻易地让自己的钱财在无缘无故当中落入他人之手。

（2）在商品交换过程中，若互不熟悉应以钱货两讫为准。如商品质量可疑、真伪假劣难辨，则必须选择信誉好的进行成交。对于那些“好心人”的特大优惠、外转内销，或路边的交易活动等，都不要贪便宜而上当。

（3）要掌握一些法律常识，凡是单位的大批商品成交，必须以合同形式进行（合同应经公证机关公证），经济往来通过银行结算。

（4）认真学习科学文化知识，要相信科学，不参加任何形式的封建迷信活动，不买、不看有关封建迷信的书籍和音像制品，不要让那些巫婆神汉、邪术治病者或其他迷信职业者有可乘之机。

（5）树立高尚的社会主义道德风尚，爱护自己的财产，也爱护他人的财产，做到拾金不昧，不参与摸彩、打牌等赌博活动，以免上当受骗。

(6) 不法分子为了骗取他人钱财会不择手段，有的在马路上拦截行人，或者在马路边、小摊处兜售“便宜货”和假货。遇此情况，应提防受骗，防止中他人圈套。

(7) 通过正当的社会救助渠道来奉献我们的爱心。

(8) 在骗子纠缠你时，也可向周围群众说明真相，请求人们的帮助。

(9) 和同学在一起时，可暗示同学去打 110 电话报警，注意报警时要说清所处的地点和场所等情况。

二、ATM 机取款诈骗及其防范

ATM 机的出现，极大地便利了人们日常生活中对存取款等传统金融业务的需求。但近年来由 ATM 机引发的诈骗案件呈逐年上升趋势，发案类型也各不相同。下面就介绍一些不法分子常用的手段以及该如何辨别和防范。

(一)“调包计”

取款过程中如果有人故意让你转移操作视线或有人“好心”告诉你掉钱了，而地上也确实有小面额的钱时，先别转移操作视线或忙着去捡钱，因为这有可能是骗子使出的诈骗花招。如某日傍晚，市民陈小姐到一家银行 ATM 机前取款。本来陈小姐是看那里没人才去的，不料她一走到取款机前，就有三四个人跟过来排队。虽觉得奇怪，但陈小姐也没太在意。可就在陈小姐取款完毕往钱包里装钱时（卡未退出），意外发生了。她身后的一男子突然拍了她一下，并“好心”地告诉她钱掉了，陈小姐下意识地往地上看，果然看到一张 10 元的钞票，便蹲下捡了起来。可当她要取卡时，却发现卡已自动退了出来，她没仔细看就把卡取走了。后来她觉得这张卡怪怪的，仔细一看，这张卡不是自己的那张，立刻赶回去，这时聚集在她身后排队取款的人也全都不在了，经查卡的密码被改了，卡里的钱也被取走了。

出招防诈骗：操作完毕再做其他事。骗子的这种手法其实很简单。这种骗术一般是团伙作案，找到目标后，先由一人趁机将小面额钞票扔在地上，然后“好心”提醒取款者捡钱。在取款者视线离开取款机时，另一人则趁机将原来准备好的卡插进卡口。待取款者以为是退卡将卡取走后，他们再取出取款者卡里的钱，或立刻更改密码，再到别处的取款机取钱。对这种骗术，最好的防范方法就是操作过程中视线不要离开 ATM 机，一定要在整个业务操作完毕，将卡收好后再顾其他。另外，对骗子撒出的诱饵，也莫贪小便宜，以免因小失大。在操作完成取回卡时，还应认真检查银行卡，以免被调包。

(二)“偷窥法”

当你在取钱时，骗子一直待在附近并偷窥你的密码；有人在机器上装了读卡器以窃取你的银行卡信息，过后再冒领你的钱。

出招防诈骗：要防密码被偷窥。要防范此类作案，取款时尽量选择人少的时候，如果必须在人多时取款，应注意用手或身体挡住他人视线，防止密码被偷窥。上机操作前，要留意机身是否异常及周围是否有可疑附加物。在ATM机上查询、取款时，还要留意ATM机上是否有多余的装置或摄像头。取款完成后的账单一定要取走或完全销毁，以免被不法分子利用而盗取金钱。银行卡密码设置应尽量复杂一些，避免用连数、生日或身份证号码等作为密码，以免被破解。

（三）在ATM机上做“手脚”

制造吞卡故障或将出钞口塞住等，在机旁边贴“温馨提示”，设下圈套让你去钻，让你按骗子的要求操作，一步步走进骗子设下的陷阱，并稀里糊涂地提供密码，最终钱财被骗走。

出招防诈骗：一旦发现问题，应马上拨打银行电话或立刻报警。

三、电话费返还诈骗及其防范

宣称多收了你的电话费，只要提供一个银行账号就能退回几百块钱，这样的诈骗方法以及衍生出来的各种借口和招数，让人防不胜防。

如陈某近日接到一名陌生男子打来的电话，自称是电信公司的工作人员，要退还去年多扣的话费，要求她提供银行转账卡号。平白无故有人要给她几百块钱，陈某心动了，就提供了一张她在农行办理的银联卡号码。几分钟后，骗子又打来电话说600元退费已打进卡里，请她到自助柜员机查询。于是，陈某就到楼下的交通银行柜员机查询，发现卡上金额并没有增加，就打电话给骗子。骗子问：“你是不是没办电子汇款?”在与陈某的通话中，骗子发现陈某的文化水平并不高，更是不知“电子汇款”是何物。骗子提出要帮她办该项业务，陈某信以为真，按骗子的要求操作，一步步走进骗子设下的陷阱，并稀里糊涂地提供密码。结果银联卡内的5 000多元被分两次提走。

出招防诈骗：其实，要破解这类诈骗也非常简单，当骗子以银行、通信公司等名义打来电话时，你只需马上拨打银行、通信公司等的电话，真假立即分辨出来。

四、街上丢包诈骗及其防范

生活中你可能会遇到这种情况，一个人在你面前“无意”丢下一包东西，被丢的包里往往装满假钞票、假金首饰，另一个人上前假意与你一起发现被丢的包，要求平分你拾到的东西，并花言巧语让你得到大部分，但要你拿出身上的钱或佩戴的金饰作抵押。这时请你不要图小利、利令智昏，将拾到的东西送交派出所或打电话 110 报警才是你的第一选择，有可能的话稳住骗子，以利于公安机关打击违法犯罪分子。

五、假金元宝、假药诈骗及其防范

骗子们往往利用假金元宝、假药草、假电子零件、假邮票，宣称家里急用钱，希望低价出售，再安排一些“媒子”假购买。在你对货物判断不出真伪的情况下，千万不要轻易掏钱购买。

六、外币兑换诈骗及其防范

外币兑换业务应在指定的银行办理。如遇到有人要与你兑换时，在辨别不出是什么币种及真伪情况时，最好不要理睬这些人，以免上当。

七、免费推销商品中奖及其防范

当你行走在街头时，遇到有人向你免费推销产品，你打开产品发现中奖时，你可千万别上当，因为当你领奖品时，骗子常会谎称奖品必须交纳一部分税金，从而骗取你的钱财。

八、网上诈骗及其防范

(1) 不要轻信不明人员发来的电子邮件或手机短信，特别是一些要求你更改银行账号密码的信息，这类信息往往都是骗子的一种骗人伎俩。

(2) 不要轻易打开不明人员发来的电子邮件或登录手机短信中给你提供的“精彩网址”，这或许是骗子向你的计算机或手机嵌入木马程序（黑客软件）的阴谋，以此盗取你的个人资料或信息。

(3) 网上购物要慎重，通过网络购买物品要选择安全机制和措施相对完善的电子商务网站，并且尽可能核实卖家的详细信息。

(4) 通过网络购物后，要保存相关资料，如发现受骗，及时向公安机关报案。

九、“碰瓷”及其防范

若你外出遇到有人突然歪倒在你的车前，谎称你将他撞倒，要求你给予医药费、损失费，或是故意与你迎面相撞，将不值几文的“文物”“金表”扔到地上，说你把它撞坏了，必须赔他，这时你不必与他争吵，你可以说：“那行，咱们上派出所去处理。”若这招不灵，你可以称“身上没带钱，跟我回住处”等与之周旋，并寻机向附近的派出所报案。

十、人在旅途要注意的问题

（1）不要贪心。如遇到热情同路人请你共饮共餐，不要被其盛情所迷惑，要谢谢他的好意并婉言拒绝。骗子会请你享用放有麻醉药物的食品、饮料，你若贪心地吃几口、喝几杯，则必定破财。

（2）在列车上发生的盗窃案，多半与旅客粗心大意有关。贵重物品、钱款不要放在行李架上或衣帽钩上。

（3）不要露富。出门时要有用钱的预算，将零整分开，分别保管；还要衣着简朴，不引人注意。

（4）不要露底。与人闲谈时不要轻易将工作单位、家庭住址及电话号码等全盘托出。

第三节　发现受骗后该做的事

当不法分子利用我们的善良来欺骗我们，发现被骗后我们该怎么办？

一、及时止损

及时止损是首要任务。意识到自己受骗之后，首先要做的就是不要让自己的财产受到损失。比如向人汇款后感觉对方是骗子，这时候就应该立刻到银行，看看汇款有没有到对方的卡上，或者立即进行银行卡挂失，这样钱就汇不过去了。

二、保存相关证据

保存好微信转账截图、汇款单据。尝试与骗子通话并进行录音，引导他说出要你把钱转给他的话。如果骗子与你直接见面，要保存好见面时的录像、相关凭证，寻找相关证人等。

三、及时控制（不是非法拘禁）骗子

对于骗子的行踪要有所了解，不然，他要是溜之大吉，你的血汗钱就很难追回了。如有可能，应尽量稳住他，找机会报案。

四、到公安局报案

带上相关证据到公安局报案，并能提供骗子的行踪，公安机关很快就能控制住骗子。只要你的证据充足，相信你的血汗钱一定可以追回。

五、其他措施

在被骗金额较少不能达到报案要求的情况下，尝试和其他上当受骗的人一起到公安局报案。多起被骗案件总金额数量大的情况也构成犯罪。

总之，应增强自己的防骗意识，不贪小便宜就不会吃大亏。

第八章　防食物中毒

民以食为天。安全是食品消费的最低要求，安全也是食品消费的最高要求。它关系到人们的健康甚至生命。食品安全是最重要的，每个人都需要安全的食品。

确保食品安全是所有食品生产经营者、各级政府和有关监管部门的法律责任。要不断加强监督，增强生产经营者的外部约束力，不断提高生产经营者的内部管理能力。与此同时，整个社会应该关注并维护食品安全。

按照《中华人民共和国食品卫生法》的规定，食品应该无毒无害，具有一定的营养价值，应从营养与卫生两方面来保证食品的安全。食品安全事件容易造成群体性发病，引起较大的社会影响。如何保证食品安全、预防食物中毒已越来越受到人们的重视。

第一节　食物中毒的特征及类型

食物中毒就是人们在食用食物的过程中食用了被生物性、化学性有毒有害物质污染的食品，或者食用了含有毒有害物质的食品后出现的急性、亚急性食源性疾患。

一、食物中毒的特征

（1）发病快，发病率和病死率较高，潜伏期较短，多在数分钟至数小时，少数也有超过一天的。

（2）中毒程度严重，比细菌性毒素中毒的病程长。

（3）季节性和地区性均不明显，中毒食品无特异性，多为误食或食用有毒食品。

（4）偶然性大。

二、食物中毒的原因

（1）食品未烧热煮透、外熟内生，未达到全部杀灭细菌的温度，致使沾染在食品上的细菌未被杀死。

（2）食品本身腐败变质。

（3）食品本身有毒。

（4）操作污染，包括生、熟食品交叉污染，盛放食品的容器生熟不分，刀、砧板、抹布等用具生熟不分，以及炊事员加工完生食后未洗手消毒又操作熟食等，都可对食品造成污染。

（5）食品放置时间过长，使沾染在食品上的细菌大量繁殖。

（6）操作人员因患某种传染性疾病，通过食品传播疾病而引起中毒。

三、容易引起食物中毒的食物

（1）容易被细菌污染的食物包括肉、鱼、蛋、乳等及其制品，如经过烧、卤的肉类，凉菜，剩余饭菜等。

（2）被有毒有害化学物质污染的食物，包括被农药污染的蔬菜、水果，受有毒藻类污染的海产贝类等。

（3）本身含有天然有毒成分的食品，如河豚、毒蘑菇，腐烂变质的青皮红肉的鱼类，如金枪鱼、青鱼、池鱼等。

（4）在特定环境下能产生有毒物质的食品，如发芽的马铃薯，霉变的甘蔗，未煮透的豆浆、四季豆、杏仁、木薯、鲜黄花菜等。

四、食物中毒的类型

食物中毒主要分为细菌性食物中毒、化学性食物中毒、真菌毒素食物中毒、有毒动植物中毒。日常生活中常见的食物中毒以细菌性食物中毒多见。另外，菜豆中毒、豆浆中毒和因误食有毒有害物质引起的中毒也时有发生。

（1）细菌性食物中毒，是指进食了含有细菌或细菌毒素的食物后而引起的食物中毒。在各类食物中毒中，细菌性食物中毒最多见。

（2）化学性食物中毒，是指误食有毒化学物质，如鼠药、农药、亚硝酸盐等，或食入被其污染的食物后而引起的中毒。化学性食物中毒的发病率和病死率均比较高。

（3）真菌性食物中毒，是指某些食物存放时发生霉变，人食入这类含有大量霉菌毒素的食物后而中毒，如食用霉变甘蔗、红薯等中毒。

（4）有毒动植物中毒，是指误食有毒动植物或摄入因加工、烹调方法不当未除去有毒成分的动植物食物后而引起的中毒。有毒动植物中毒的发病率较高，病死率因动植物种类而异。

近几年学校常见的集体中毒多为有毒动植物中毒，如河豚、四季豆、生豆浆、发芽马铃薯中毒等。

第二节　食物中毒的预防

食物中毒会对人体健康和生命造成严重损害。同学们正处于身体生长发育阶段，因此，预防食物中毒，对于保证学生健康成长至关重要。

那么怎样预防食物中毒呢？针对学生的年龄特点，同学们应该做到以下几点：

（1）养成良好的卫生习惯，饭前便后要洗手。不良的个人卫生习惯会把致病菌从人体带到食物上去。

（2）选择新鲜和安全的食品。购买食品时，要注意查看其感官性状，是否腐败变质。尤其是对小食品，不要只看其花花绿绿的外表，要查看其生产日期、保质期，是否有厂名、厂址、生产许可证号（QS 号）等标识。

（3）食品在食用前要彻底清洁。生吃瓜果蔬菜时要将其洗净。瓜果蔬菜在生长过程中不仅会沾染病菌、病毒、寄生虫卵，还有残留的农药、杀虫剂等，如果不清洗干净，不仅可能染上疾病，还可能造成农药中毒。

（4）需加热的食物要加热彻底，如菜豆和豆浆含有皂苷等毒素，不彻底加热会引起中毒。

（5）尽量不吃剩饭菜，如需食用，应彻底加热。剩饭菜，剩的甜点心、牛奶等都是细菌的良好培养基，不彻底加热就食用会引起细菌性食物中毒。

（6）不吃霉变的粮食、甘蔗、花生米（粒上有霉点），其中的霉菌毒素会引起中毒。

（7）警惕误食有毒有害物质而引起中毒。消毒剂、杀虫剂或鼠药用后一定要妥善处理，防止误食而引起中毒。

（8）不到没有卫生许可证的小摊贩处购买食物。

（9）饮用符合卫生要求的饮用水，不喝生水或不洁净的水，最好是喝白开水。

（10）提倡体育锻炼，增强机体免疫力，抵御细菌的侵袭。

只要从以上几个方面入手，认真学习食品卫生知识，掌握一些预防方法，提高自我卫生意识，就能最大限度地减少食物中毒的风险度，从而预防食物中毒，保证我们的身体健康。

此外，烹调食物时要注意以下几点：

（1）保持厨房环境和就餐用具的清洁卫生。

（2）选择新鲜、安全的食品和食品原料。切勿购买和食用腐败变质、过期和来源不明的食品，切勿食用发芽马铃薯、野生蘑菇、河豚等含有或可能含有有毒有害物质的原料加工制作的食品。

（3）蔬菜按“一洗、二浸、三烫、四炒”的顺序操作处理。

（4）肉及家禽按食用量分切后冷冻储存，烹调前充分解冻。

（5）彻底加热食品，特别是肉、奶、蛋及其制品，四季豆、芸豆角、豆浆等应烧熟煮透。

（6）烹调后的食品应在两小时内食用完。

（7）妥善存放食品。食品存放在密封容器内，生、熟食品分开存放，新鲜食物和剩余食物不要混放。提前做好的食品和需要保存的剩余食品放在冰箱中冷藏保存。

（8）经冷藏保存的熟食和剩余食品及外购的熟肉制品，食用前应彻底加热，食物中心温度须达到 70 摄氏度，并至少维持 2 分钟。

养成良好的卫生习惯，严把“病从口入”关。

第三节　食物中毒的救助

如果一旦出现上吐下泻、腹痛等食物中毒症状时，千万不要惊慌失措，应及时拨打 120 医疗急救电话，在事故现场可做好以下几个方面的应急处理：

（1）立即抢救，主要措施有：催吐、洗胃、导泻、解毒。

（2）就地收集和就地封存一切可疑的中毒食物，禁止再食、再售、转移、改制，并追踪进货来源。

（3）应及时向所在地食品卫生监督机构报告。在农村，向县、乡卫生防疫部门报告；在城市，向区、市卫生防疫站和食品卫生部门报告。

（4）现场调查结束后，可在卫生防疫部门的指导下，妥善处理中毒现场。

1）对于细菌性食物中毒、真菌性食物中毒、化学性食物中毒，以及不明原因的食物中毒，其所剩食物均应烧毁或深埋。

2）与中毒食物接触的用具、容器等要彻底清洗消毒，可采用煮沸消毒；不能煮沸的用消毒液浸泡 15～30 分钟，然后用清水冲洗干净。

第九章　防溺水

在炎热的夏天，游泳是最受欢迎的活动之一。游泳场所除了室内、室外游泳池外，还有迷人的海滨、河流和小溪……但是在享受欢乐之余，同学们要特别注意其中所潜藏的危机。从近几年统计的数据看，溺水是学生意外伤害的第一杀手，因此事前多一分准备和考量，就可以带给我们无限的欢笑，更可以避免一些不幸和遗憾。

第一节　溺水事故的特点和原因

统计数据显示，溺水在所有学生意外伤害死因中所占的比重近年来持续保持在一半以上。那么，学生发生溺水事故有什么特点呢？学生发生溺水事故的原因又有哪些呢？只有深入了解学生溺水事故的特点和原因，才能更好地预防溺水事故的发生。

一、学生发生溺水事故的特点

（1）中小学生溺水死亡事故多发生在夏季、节假日和放学后，小学毕业及中考、高考等毕业考试结束后尤为突出。

（2）多发生在城镇和农村地区的无人看管的河、池塘、水库、水坑等野外水域。

（3）多发生在学生自行结伴游玩的过程中，有的是结伴下水游泳而溺亡，有的是失足落入水中，有的是为救落水同伴致多人溺亡。

（4）多发生在低年龄段，以中小学生居多，留守儿童发生的溺水事故比较突出。

（5）多发生于游泳技能半生不熟的学生群体。

二、学生发生溺水事故的原因分析

（一）安全意识淡薄，自控能力及自护自救能力差

发生溺水事故的学生大多为 8～14 岁。虽然学校每年都要开展防溺水的安全教育，班主任时常也会警告学生不要私自下河塘游泳，但少数学生因“好奇”“好玩”不能自我约束和控制，以“只玩一会儿”为由结伴下河游泳而发生安全事故；部分学生安全意识不强，到水库边或者池塘边等危险地带戏水玩耍，不慎跌入深水区，导致悲剧的发生；少数学生面对溺水危险，盲目施救或因过度害怕不敢呼救，错过最佳救援时间。

（二）家长看护监管缺失

儿童发生溺水事故以节假日、双休日居多，特别是暑假期间，此时需要家长对子女进行有效监护。有的父母忙于生计外出务工，对子女缺少直接的监管护理，而照管子女的长辈溺爱孩子，对孩子的不安全行为和危险游戏难以正确教育和引导；有的家长自身文化素质较低，缺乏安全常识，对孩子私自游泳带来的危害认识不足，且疏于对子女的管理，对于子女去哪儿了、干什么了都根本不知。

（三）游泳本领不够

在游泳技术半生不熟时，学生急于入水求尽快熟练，结果技术不佳、技术失误或者体力不支、心里慌乱等而导致溺水。

（四）水库、池塘等水域缺乏安全管理

城乡接合部、农村乡镇的水库、河流、池塘等水域大多缺乏管理，无安全警示的标语、标牌，无人看守巡查，而这些地方正是溺水事故的多发地带。

第二节　溺水事故的防范

生命只有一次，安全掌握在你的手里。学生要提高自己的安全意识和自救自护能力，深刻地懂得“预防溺水，珍爱生命”的重要性，自觉遵守防溺水安全原则，在日常生活中提高安全意识，树立安全第一的意识，防患于未然。

一、在游泳过程中发生溺水事故的防范

（1）不要独自一人外出游泳，更不要到不摸底和不知水情或比较危险且易发生溺水伤亡事故的地方去游泳。

（2）必须要有组织并在老师或熟悉水性的人的带领下去游泳。

（3）要清楚自己的身体健康状况，平时四肢就容易抽筋者不宜游泳或不要到深水区游泳。

（4）对自己的水性要有自知之明，下水后不能逞能，不要贸然跳水和潜泳，更不能互相打闹，以免呛水或溺水。不要在急流和漩涡处游泳，更不要酒后游泳。

（5）在游泳过程中如果突然觉得身体不舒服，如眩晕、恶心、心慌、气短等，要立即上岸休息或呼救。

（6）下水时切勿太饿或太饱。饭后一小时才能下水。

（7）下水前先试试水温，若水太冷，就不要下水。

（8）若在江、河、湖、海中游泳，则必须有成人陪伴，不可单独游泳。

（9）下水前观察所处的环境，若有危险警告，则不能在此游泳。

（10）不要在地理环境不清楚的峡谷游泳，这些地方的水深浅不一，而且凉，水中可能有伤人的障碍物，很不安全。

（11）跳水前一定要确保此处水深至少有 3 米，并且水下没有杂草、岩石或其他障碍物。以脚先入水较为安全。

二、因失足滑落而发生溺水事故的防范

（1）一定要做到课余时间不要私自到地理环境不明的野外游玩。

（2）有组织地在野外游玩时，应注意观察周边环境，远离不安全水域。

（3）在水域边游玩时要有成人陪伴，并做好必要的安全防护措施。

三、因工地、深坑积水发生溺水事故的防范

（1）课余时间不要私自到不明情况的工地游玩，也不要到已废弃的工地、厂房、仓库、采石坑等地游玩。

（2）路过工地及已废弃的厂房、仓库等地时，应结伴而行，并认真观察周边环境，快速通过，防止跌入水池、排污渠、窨井等。

（3）在农村，经过田边、小路时要注意观察，防止失足而跌入隐蔽的水池、采石坑（洞）、粪坑、蓄水池、池塘（鱼塘、虾池）等。

第三节　溺水事故的自救及急救

每年夏季都是溺水事件的高发期，尤其正值暑假，青少年溺水身亡的事件层出不穷。溺水者当中，除了不会游泳的人外，更不乏水性好的人，所以切不可掉以轻心。如果不幸发生溺水，该如何自救？当身边人溺水时，又该怎么正确施救？

一、溺水时的自救方法

（1）不要慌张，要立即大声呼救。

（2）放松全身，让身体漂浮在水面上，将头部浮出水面，用脚踢水，减少体力消耗，等待救援。

（3）身体下沉时，可将手掌向下压。

（4）如果在水中突然抽筋又无法靠岸时应立即求救；如周围无人，可深吸一口气潜入水中，伸直抽筋的那条腿，用手将脚趾向上扳以解除抽筋状况。

二、发现有人溺水时的救护方法

（1）可将救生圈、竹竿、木板等物抛给溺水者，再将其拖至岸边。

（2）若没有救护器材，可入水直接救护。接近溺水者时要转动他的髋部，使其背向自己然后拖运，拖运时通常采用侧泳或仰泳拖运法。

（3）未成年人发现有人溺水，不能贸然下水营救，应立即大声呼救。

三、在岸上急救溺水者的方法

（1）迅速清除溺水者口、鼻中的污泥、杂草及分泌物，保持呼吸道通畅，拉出舌头，以避免堵塞呼吸道。

（2）将溺水者举起，使其俯卧在救护者肩上，腹部紧贴救护者肩部，头脚下垂，以使呼吸道内积水自然流出。

（3）进行口对口人工呼吸及心脏按压，并尽快联系急救中心或送去医院。

第十章　防踩踏事故

踩踏事故，是指在聚众集会中，特别是在整个队伍产生拥挤移动时，有人意外跌倒后，后面不明真相的人群依然在前行，对跌倒的人造成踩踏，从而使人惊慌并加剧拥挤，造成更多的人员跌倒并恶性循环的群体伤害的意外事件。

学校是人群相对比较密集的地方，特别是在上下课、集体活动或其他突发情况下，容易在教室、楼梯等处发生踩踏事故，造成的危害也非常重大。

第一节　引起校园踩踏事故的原因

调查和研究表明，踩踏事件发生的原因，主要是事发瞬间在通行的学生人群中存在着过度拥挤的现象，当然也有可能是校园设施设计不合理、学校管理不当等原因。具体原因如下：

（1）人群较为集中时，由于拥挤或不慎致使前面的人摔倒，后面的人未留意且没有止步而导致踩踏事故发生。

（2）人群受到惊吓，产生恐慌，如听到尖叫声、爆炸声、其他刺耳的声音和突如其来的变故，出现惊慌失措的失控局面，在无组织、无目的的逃生中，相互拥挤而造成踩踏事故。

（3）人群因过于激动（兴奋、愤怒等）而出现骚乱，易发生踩踏。

（4）因好奇心驱使，专门去人多拥挤处探个究竟，造成人员集中而导致踩踏事故发生。

（5）部分学生不合理的上下楼梯行为：

1）上下楼时跑上跑下，人多时横冲直撞；

2）上下楼时打打闹闹，前拥后挤；

3）二三人勾肩搭背，拥抱下楼；

4）顺楼梯扶手下滑；

5）在校园内玩摔炮、放烟幕弹。

总之，在上下楼梯时，故意拥挤、起哄、恶作剧、打闹、推搡、突然停留和开玩笑等易造成踩踏事件，特别是在人多时，易撞伤他人，更容易发生踩踏事故，甚至威胁到同学们的生命安全。

（6）由于地质灾害（如地震）引起人群恐慌，易发生拥挤踩踏事故。

（7）由于消防事故引起踩踏事故。

第二节 如何预防和避免踩踏事故

校园踩踏事故危害严重，应如何预防和避免呢？当踩踏无法避免时，当事者应该如何保护自己，从而将伤害程度降到最低呢？

一、如何预防和避免踩踏事故

（1）举止文明，人多的时候不拥挤、不起哄、不制造紧张或恐慌气氛。

（2）尽量避免到拥挤的人群中，不得已时，尽量走在人流的边缘。

（3）发现拥挤的人群向自己的方向涌来时，应立即避到一旁，不要慌乱，不要奔跑，避免摔倒。

(4) 顺着人流走，切不可逆着人流前进，否则很容易被人流推倒。

(5) 假如陷入了拥挤的人流，一定要先站稳，身体不要倾斜失去重心，即使鞋子被踩掉或者重要的物品掉落，也不要贸然弯腰提鞋、系鞋带或拾取物品。有可能的话，可先尽快抓住坚固可靠的东西慢慢走动或停住，待人群过去后再迅速离开现场。

(6) 在人群中走动时，遇到台阶或楼梯要尽量抓住扶手，防止摔倒。

(7) 在拥挤的人群中要时刻保持警惕，当发现有人情绪不对或人群开始骚动时，就要做好保护自己和他人的准备。

(8) 在人群骚动时，要注意脚下，千万不能被绊倒，避免自己成为拥挤踩踏事件的诱发因素。

(9) 当发现自己前面有人突然摔倒了，要马上停下脚步，同时大声呼救，告知后面的人不要向前靠近。

(10) 已被裹挟至人群中时，要切记和大多数人的前进方面保持一致，不要试图超过别人，更不能逆行，要听从指挥人员的口令。专家指出，心理镇静是个人逃生的前提，服从大局是集体逃生的关键。在拥挤的人群中前进时，要用一只手紧握另一手腕，手肘撑开，平放于胸前，微微向前弯腰，形成一定空间，以保持呼吸道通畅。

二、踩踏事故发生后的自救与互救

(1) 拥挤踩踏事故发生后，一方面赶快报警，等待救援；另一方面，在医务人员到达现场前，要抓紧时间用科学的方法开展自救和互救。

(2) 若自己不幸被人群推倒，要设法靠近墙角，身体蜷成球状，双手在颈后紧扣，以保护好头、颈、胸、腹部等最脆弱的部位。

(3) 救治时，要遵循先救重伤者、老人、儿童及妇女的原则。判断伤势的依据是：神志不清、呼之不应者伤势较重；脉搏急促而乏力者伤势较重；血压下降、瞳孔放大者伤势较重；有明显外伤，血流不止者伤势较重。

(4) 现场人员自救和互救“四步走”：

第一步：检查伤者，如已失去知觉，又呈俯卧位，应小心地将其翻转。

第二步：保持伤者呼吸道畅通，使伤者头偏向一侧，防止因舌根后坠堵塞喉部。

第三步：若伤者确已无呼吸，立即进行口对口人工呼吸。如果伤者在恢复呼吸后出现呕吐，须防止呕吐物进入气管。

第四步：救护者一手放在伤者额头上，另一手指尖轻摸位于气管或喉两侧的颈动脉血管，感觉有无脉搏跳动。如有，则说明心跳恢复，抢救成功；如果没有，则说明心跳尚未恢复，需立即做胸外心脏按压。

第十一章　防一氧化碳中毒

冬季是一氧化碳中毒的高发时期。人们在使用燃煤、炭火、燃气热水器时，均可能接触到一氧化碳。如何预防一氧化碳中毒？一氧化碳中毒后如何科学快速地自救与施救？下面这些常识你必须了解。

第一节　一氧化碳中毒的表现

一氧化碳中毒是含碳物质燃烧不完全时的产物经呼吸道吸入引起中毒。中毒机理是一氧化碳与血红蛋白的亲和力比氧与血红蛋白的亲和力高200～300倍，所以一氧化碳极易与血红蛋白结合，形成碳氧血红蛋白，使血红蛋白丧失携氧的能力和作用，对全身的组织细胞均有毒性作用，尤其对大脑皮质的影响最为严重。

一氧化碳中毒有急性和慢性之分，通常说的一氧化碳中毒多指急性一氧化碳中毒。其症状、表现与中毒程度、患者既往健康状况以及中毒时活动状况有关。

一、轻度中毒

中毒时间短，血液中碳氧血红蛋白为10%～20%。表现为中毒的早期症状，如头痛、眩晕、心悸、恶心、呕吐、四肢无力，甚至出现短暂的昏厥，一般神志尚清醒。吸入新鲜空气，脱离中毒环境后，症状迅速消失，一般不留后遗症。

二、中度中毒

中毒时间稍长，血液中碳氧血红蛋白占30%～40%，在轻度中毒症状的基础上，可出现虚脱或昏迷，皮肤和黏膜呈现特有的樱桃红色。如抢救及时，可迅速清醒，数天内完全恢复，一般无后遗症状。

三、重度中毒

中毒时间较长，吸入一氧化碳过多，或在短时间内吸入高浓度的一氧化碳，血液碳氧血红蛋白浓度在50%以上，中毒者呈现深度昏迷，各种反射消失，大小便失禁，四肢厥冷，血压下降，呼吸急促，甚至死亡。一般昏迷时间越长，后遗症越严重，常留有痴呆、记忆力和理解力减退、肢体瘫痪等后遗症。

四、后遗症状

一氧化碳中毒的后遗症状有神经衰弱、偏瘫、偏盲、失语、吞咽困难、智力障碍等。

急性一氧化碳中毒迟发脑病：中毒者于昏迷苏醒后，意识恢复正常，但经2～30天后，又会出现脑部的神经精神症状。

第二节　一氧化碳中毒的预防及救助

一氧化碳就像一头“无牙老虎”，无色无味，不声不响，一旦降临，轻则中毒，重则夺命，所以不可大意，须防患于未然。

一、一氧化碳中毒的预防

(1) 在安装炉具时，要检查炉具是否完好，发现有破损、锈蚀、漏气等问题，要及时更换和修补。

(2) 在使用煤炉取暖时，一定要安装烟筒，严防漏气。要定期清扫烟筒，保持烟筒通畅。

(3) 要经常打开门窗通风换气，保持室内空气新鲜。不要在密闭卧室内使用煤炉等做饭，或用火盆烧煤、烧炭取暖。

(4) 每天晚上睡觉前务必检查燃气灶是否关好，炉火是否封好、炉盖是否盖严、风门是否打开、风斗是否畅通。

(5) 在有条件的情况下，安装一氧化碳报警器。

二、一氧化碳中毒的救助

在发现有人一氧化碳中毒后，救助者必须迅速按下列程序实施救助：

（1）因一氧化碳的密度比空气略小，故浮于上层，救助者进入和撤离现场时，如能匍匐行动会更安全。进入室内时严禁携带明火，室内一氧化碳浓度过高时，按响门铃、打开室内电灯产生的电火花都有可能引起爆炸。

（2）进入室内后，应迅速打开所有通风的门窗，使一氧化碳迅速排出，关闭燃气开关等，切断一氧化碳来源。

（3）迅速将中毒者背出充满一氧化碳的房间，转移到通风保暖处并使其平卧，解开衣领及腰带以利其呼吸顺畅。同时呼叫救护车，随时准备送往有高压氧舱的医院抢救。

（4）在等待救护车的过程中，对于昏迷不醒的中毒者可将其头部偏向一侧，以防呕吐物误吸入气管内而导致窒息。若其无呼吸则需立即开始口对口人工呼吸。必须注意，对中毒者进行人工呼吸的效果远不如医院高压氧舱的治疗。因而对昏迷较深的中毒者不应立足于就地抢救，而应尽快送往医院。在送往医院的途中人工呼吸不可停止，以保证大脑的供氧，防止因缺氧造成的脑神经不可逆性坏死。

第十二章　防地震

地震是一种自然现象，虽不常见，但造成的损失却是触目惊心的。我国东部沿海地区地处环太平洋地震带上，是一个地震活动频度高、强度大、震源浅、分布广的地区，地震破坏时有发生。

第一节　地震的特点和类型

地震一般是指在地壳运动过程中，岩层受到挤压或拉伸，在岩层比较脆弱的地方，岩体断裂错位或造成火山喷发并释放能量，而引起的地面震动的现象。

一、地震的特点

在地震的时候，通常地面最初在短时间内不断地微动，接着便发生剧烈震动，经过短时间以后才逐渐消失。在大地震时像这样一系列的震动要反复发生若干次。其中最初发生的小震动称为前震。前震活动逐渐增加后，接着发生剧烈的大地震，称作主震。主震之后继续发生的大量的小震动称为余震。余震是成群的，最初发生的频率很高，往后逐渐衰减，持续时间长短不一。有的大地震之后余震很少；有的则很多，持续数月乃至数年之久还有余震发生。

地震具有突发性和不可预测性，地震灾害具有频率较高、破坏大、次生灾害严重、社会影响深远等特点。

二、地震的类型

（1）天然地震，包括构造地震、火山地震、陷落地震 3 类。

（2）人工地震，是指因人为因素造成的震动，如地下核爆炸引起的震动。

第二节　地震的预防

地震是一种自然现象，目前人类尚不能阻止地震的发生。但是，我们可以采取有效措施，最大限度地减轻地震灾害。

一、学习地震常识

（1）学习地震基础知识，了解地震的形成、发生、发展规律。

（2）掌握科学的地震自防自救方法。

（3）学习了解我国防震减灾的政策法规。

二、认识地震前的现象

地震前出现的与地震发生有密切联系的各种异常现象叫作地震前兆。地震前兆分宏观前兆和微观前兆。

（1）宏观前兆，是指人能直接感觉到或用眼睛能看到的现象，包括动物或植物的不正常反应、地下水变化、气象变化以及小震活动等。

（2）微观前兆，是指人不能直接看到或感觉到，只能用仪器测量到的变化，如地壳形变、地面倾斜和海平面升降，地下水化学成分变化，地震波传播速度变化，地电、地磁、地温、地应力的微弱变化，以及人们不能感觉到的小震活动等。

三、做好科学预防

（1）震前做好震时应急疏散预案，确定疏散路线和避震地点，以防震时手忙脚乱、耽误时间。

（2）做好房屋和室内家具、杂物的加固，特别是睡觉的地方要采取必要的防护措施。

（3）落实防火措施，对火炉、燃气炉、水龙头、电源等加强管理。储备好必要的食品。

（4）掌握基本的医疗救护技能，如人工呼吸、止血、包扎、搬运伤员和护理方法等。

（5）适时进行应急疏散演习，发现问题及时纠正、弥补。同时要正确识别地震谣言。

第三节　地震的救助

地震是具有强大毁灭性的一种天灾，对人类的生命以及财产等造成很大的伤害，如何在震时自救和震后救灾，是当今人们所掌握的必要技能之一。

一、地震自救

(一) 出现预警现象后果断避险

发现地震信号之后，个人应当因时因地采取应急措施，消除一切可能危及生命的不安全因素。

(1) 平时要设想好各种避震方式、方法，准备好可能的救护药品及避震器物；

(2) 尽可能迅速逃离建筑物，转移到空旷场地；

(3) 来不及逃出时，尽量躲在室内墙角或支撑结构较多的空间部位及器物之下；

(4) 迅速切断电源和燃气管道；

(5) 迅速远离易燃易爆及有毒气体源；

(6) 避险时要远离高楼、大烟囱、高压线以及桥梁、隧道、峭壁陡坡和海边等，更不要在狭窄的巷道和楼梯上停留。

(二) 地震时在校学生的避险

(1) 如果学校内教室为砖平房，地震时坐在离门窗较近的学生，可迅速从门窗逃到室外；离门窗较远的学生可躲在墙根下避难。在高楼里的学生，地震时千万不要跳楼，也不要到楼梯口拥挤，应迅速躲进走廊等跨度小的空间。

(2) 如果学校内教室为高楼，不可贸然外逃，可选择较安全的地方躲避；从高层向下转移时，不能乘电梯。大地震过后，利用两次地震之间的间隙，迅速撤离。

(三) 地震时在室外的应对措施

(1) 站立于空旷处，不要慌张地往室内冲；

(2) 注意上方可能有如招牌、盆景等掉落物；

(3) 远离正在兴建的建筑物、电线杆、围墙和未经固定的贩卖机等；

(4) 驾车行驶中勿紧急刹车，应减低车速，停留在开阔地方，远离高大建筑物、高压线；

（5）在山坡上时要注意滚石，同时要远离陡崖，防止滑坡、泥石流的威胁；

（6）若驾车行驶于高速公路或高架桥上，应迅速驶离；

（7）若在郊外，要远离崖边、河边、海边，找空旷的地方避难。

（四）地震时在家中的个人防护

保持头脑清醒、冷静，快速做出反应是保障安全的关键。在家中要就地避险，不可贸然外逃，可选择较安全的地方躲避；住单元楼内，可选择开间小的卫生间、厨房、储藏室及墙角躲避；要关闭电源、燃气，防止发生火灾和燃气泄漏；高层住户向下转移时，千万不能跳楼，也不能乘电梯。大地震过后，利用两次地震之间的间隙，迅速撤离。

（五）地震时在公共场所的个人防护

地震发生时，影剧院、体育馆的演出或比赛要立即停止，在相关人员的统一指挥下，有秩序地分路疏散，迅速撤离，就近在开阔地带避震，切忌拥挤、跳楼。

二、震后救灾

（一）寻找伤员

大震过后，很多人被压埋在倒塌的房屋内，这时如何尽快找到伤员呢？根据我国近年来的几次大震的实践经验，我们总结出以下方法，即“问、听、看、探、喊”5字箴言。

（1）问，就是询问震时一起的亲友和当地熟人，指出伤员的可能位置，了解当地的街道情况、建筑物分布情况。

（2）听，就是贴耳侦听伤员的呼救声和呻吟声，一边敲打一边听，一边用手电照一边听。

（3）看，就是仔细观察有没有露在外面的肢体、血迹、衣服或其他迹象。特别注意门道、屋角、房前、床下等处。

（4）探，就是在废墟空隙或者排除障碍钻进去的地方寻找伤员，这时要注意有无爬动的痕迹及血迹，以便寻找已经筋疲力尽的伤员。

（5）喊，就是让当地熟人和伤员亲属呼喊伤员的姓名，细听有无应答之声。

通过以上方法，找到伤员位置，然后根据情况采取适当的救援方案，就能很快将伤员救出，并逐步扩大救援成果。

（二）救近救易

地震后救人，时间就是生命。所以救人时应先从最近处救起，不论是家人、邻居、同事甚至萍水相逢的路人，只要在最近处有人被埋压，就要先抢救他们，即“就地抢救”“先救身边的”。

（三）营救方法

营救过程中要十分小心谨慎，既要快，又要稳。

（1）挖掘时要分清哪些是支撑物，那些是压埋阻挡物，应当保护支撑物，清除压埋阻挡物，这样才能保护被压埋者赖以生存的空间不遭覆压。

（2）吊起重物时，注意平稳轻吊，不要造成偏压或撞击，以避免下面的支撑空间失去平衡，造成被救者受伤。

（3）清除压埋物及采用钻凿的方法进行分割时，不要造成粉尘飞扬，以避免被救者窒息。如果废墟下面空间较大，可让被救者暂躲在远处，如无条件躲避，可采取洒水息尘的办法。

（4）暂时无法救出时，要进行废墟下面的通风，递送饮食物，静等时机再进行营救。此期间要经常有人探望并注意防护，避免受强余震的威胁。

（5）营救被埋压者脱离废墟时不能对其生拉硬扯。首先对其做初步检查，如果是饥饿性虚脱，要打葡萄糖针剂；如果是受伤流血过多，则需要输血；如果脊柱、四肢等骨折，要先包扎、消毒、急救，之后送往震区医院进行治疗。

第十三章　防性侵害

近年来，性侵害事件在各级学校时有发生。青少年受到性侵害，将会使其身心受到极大的创伤，甚至会对其一生带来严重的影响。因此，学习如何预防性侵害，进行正确恰当的性教育，对人的一生有着极其重要的意义。

第一节　校园性侵害

性侵害是包括一系列违犯本人意愿的性接触、性骚扰、性暴力并给本人带来身心不良后果的行为的总称。

一、校园性侵害的含义

校园性侵害系指事件之双方当事人为校园之教职员工及学生，或事件发生于学校中者。校园性侵害的涵盖范围相当广泛，包括带有性意味、性暗示或性别歧视的言语言论、文字以及不受欢迎的肢体触碰，或者与性或性别有关的行为。

二、易发生校园性侵害的时间和场所

（1）夏天，是学生容易遭受性侵害的季节；

（2）夜晚，是学生容易遭受性侵害的时间；

（3）公共场所和僻静处所，是学生容易遭受性侵害的场所。

第二节　性侵害的预防

在一定程度上讲，是否易受侵害与个人“气场”有关系。我们所说的“气场”就是

在接触中通过语言、肢体向大家表明你的处事态度。要坚决对性侵害说“不”，许多人因胆小不敢声张而让侵害者得逞。有人认为长得漂亮或穿着暴露的女性容易受性侵害，实则不然。在公车性骚扰案件中，最容易成为性侵害者下手目标的是那种看上去内向、腼腆、普通的女学生。

性侵害过程往往是从日常活动开始的，而性侵害者最开始接近受害者的时候所表现出来的态度都是热情、友好、体贴，有时候会被认为是善于交际，或者对对方有好感。我们要学会分辨哪些人是友好，哪些人别有用心。

一、性侵害预防原则

（1）义正词严，当场制止。

（2）处于险境，紧急求援。

（3）虚张声势，巧妙周旋。

（4）主动避开，脱离危险。

（5）诉诸法律，报告公安。

（6）心明眼亮，记牢特点。

（7）堂堂正正，不贪不占。

（8）谨慎待人，大方处事。

（9）行为端正，态度明朗。

（10）遵纪守法，消除隐患。

二、预防性侵害

（1）外出时应先了解环境，尽量选择安全的路线行走，避开荒僻和陌生的地方。

（2）晚上外出时应结伴而行。

（3）外出时要注意周围动静，警惕陌生人的搭腔，如有人盯梢或纠缠，尽快向人多的地方靠近，必要时可呼救。

（4）外出后随时与家长联系，未得许可不可在别人家夜宿。

（5）女生应该避免单独和男性在僻静、封闭的环境中会面，尤其不要到对方家里去。家长不在家中时也不要将外人带到家中。

（6）在外不可随便食用陌生人给的食品，谨防其中有麻醉药物；拒绝他人提供的色情影视录像和书刊图片，预防其图谋不轨。

（7）独自在家时注意关好门，拒绝陌生人进屋。若有人自称是维修人员来上门服务，要告知他等家长回来再说。

（8）晚上单独在家睡觉的时候，如果觉得屋里有响声，发觉有陌生人进入室内，不要坐以待毙，应果断开灯，喊叫求救。

三、面对性侵害时的防身策略

面对性侵害时，一般女性的体力均弱于男性，防身时要把握时机，出奇制胜，狠准快地出击其要害部位，即使不能制服对方，也可制造逃离险境的机会。身体的某些部位和有些物品在防性侵害时可以派得上用场。

（1）手指，可戳击歹徒眼睛。

（2）指甲，可抓袭歹徒脸部、喉咙。

（3）肘部，可猛击歹徒胸部、背部，是最强有力的反抗武器。

（4）膝盖，可顶撞歹徒裆部。

（5）脚，用脚前掌飞快踢对方胫骨、膝盖或阴部，非常有效。

（6）哨子是便宜而有效的防侵害用具，一旦发生状况可大声吹哨子求援。

（7）利用随身尖锐物品，如发夹、别针、高跟鞋或雨伞等。

（8）石头、砖块、木棍、树枝、沙子等。

（9）市售防身器。

与此同时，要注意设法在歹徒身上留下印记或痕迹，以备追查、辨认案犯时作为证据。

第三节　性侵害发生后的处理

在青少年性侵害案件研究中，70％的性侵害案件都是熟人作案。这些案件都是案发后很长时间才被发现。有的被侵害人发现自己怀孕后才报案，有的被侵害人在案件被其他人发现后才报案。隐瞒不报所带来的后果就是取证困难，使受害人无法为自己讨回公道。

遭遇了性侵害该怎么办？首先我们要尽早意识到性侵害的发生。通常来说，当有人刻意触碰自己身体的时候，就是最后的底线。此时应迅速脱身，或向周围人求助，或打电话向亲友及警方求救。即使是被胁迫也不要轻易跟随对方远离闹市区，侵害人很难在不引起其他人注意的情况下强行将你带走。

如果不幸遭到性侵害，不要惊慌失措，首先要远离侵害人，到一个安全的地方，防止被二次侵害，然后收集证据。身上的伤口、痕迹等均可作为证据。另外，侵害人的骚扰短信、信件等也可以作为证据。受到了性侵害要尽快告诉家长并报警，切不可害羞、胆怯，以免延误时间，丧失证据，从而让侵害人逍遥法外。

第十四章　防网络安全问题

网络安全，包括两大方面的问题：一是指电脑网络软、硬件本身的安全，比如电脑病毒的侵害。这类问题，随着技术的进步，可以魔高一尺、道高一丈，克敌制胜。二是指电脑网络对青少年人格、心理的不良影响。主要指电脑网络上的暴力渲染、色情诱惑、钱财赌博、灰色游戏等对青少年学生所构成的危害。

同学们，网上的世界很精彩，它已成为人们学习知识、获得信息、交流思想、开阔视野、休闲娱乐的重要平台。网上的世界也很混沌，需要认真进行过滤和筛选，将宣扬暴力、色情、迷信、赌博等内容的信息淘汰出局。面对网络世界，一定要学会分辨良莠，遨游网络世界时一定要自己掌好航舵。

第一节　网络安全问题的特点和类型

网络改变着世界，然而，网络也是一把双刃剑，它在不停地给人类带来惊喜和奇迹的同时，也不可避免地滋生了邪恶与毒害。

一、网络安全问题的特点

网络安全问题对于学生来说具有 3 个主要特点：

（1）使用网络不当，长期沉迷于网络及网络游戏之中，演变成青少年网络依赖，形成“网瘾”，影响了身心健康和学业；

（2）浏览不健康的内容或黄色网站，思想和行为偏离健康轨道；

（3）在网络上发表一些不当言论，对他人人身进行攻击以及危害社会正常秩序。

二、网络安全问题的类型

网络安全问题的类型多种多样，有关系到国家安全、金融安全的，有黑客入侵、网络道德失范的，有盗用或篡改信息、诽谤他人的。学生网络活动中比较集中反映的网络安全问题主要有以下几种类型。

（一）网络病症

一些学生长期沉湎于网络之中，部分学生已出现明显的网络病症，严重影响了身心健康。

（二）不健康网站

一些渲染色情、暴力的网站，已毒害了一批学生，几乎让众人“谈网色变”。

（三）荒废学业

迷恋网络直接影响了学生正常的学习、生活。

（四）诱发犯罪

专家表明，目前一些学生的严重不良行为、违法犯罪行为的形成很大程度上是受网络中不良信息的影响。

（五）网上交友不慎

网络环境鱼龙混杂、陷阱重重，学生在网上交友容易遇到别有用心之人或不法分子，有的学生还会与陌生网友见面，这无疑会使自身的人身和财产安全面临巨大风险。

第二节　网络安全问题的预防

一、自觉增强自护意识和自护能力

（一）端正对网络的态度

信息时代，电脑、互联网成了我们学习、生活、工作的智能化工具，但是，智能化程度再高也是由人设计、制造、使用的，无论什么时候，人都不可变成物的奴隶，更不能丢弃人类文明的本性。

现代生活离不开网络，但它不能成为我们生活的全部。美好、健康的生活需要丰富多彩的内容，需要郊野的绿色，需要山林的空气，需要踏青的快乐，需要秋收的金色，需要温馨的亲情，需要音乐的陶冶，需要身心的健康，还需要读书学习！青少年朋友，这一切美好的东西，怎么可以“e 网打尽”？！对于网络等现代化工具保持一种讲求实际、不慕虚荣、掌握技术、适度使用的心态为好。

沉溺于网络的青少年应尽快清醒过来，不要成为网络的奴隶，而要成为网络的主人。面对阳光舒展身躯、拥抱现实，融入绚丽多彩的现实生活和大自然中去吧！

（二）不做“网虫”，避开网害侵扰

涉世不深、判断能力和自护能力较差的青少年，经不住网络的诱惑，上网成瘾，直至成为“网痴”“网虫”。这些“网虫”的特点是：

（1）上网时间失控，总觉得时间短，不满足；

（2）每天最大的愿望就是上网，想的、聊的主要内容也是网上的事；

（3）在网上全神贯注，在网下迷迷糊糊，学习成绩明显下降；

（4）有点时间就想上网，饭可以不吃，觉可以不睡，网不能不上；

（5）对家长和同学、朋友隐瞒上网所涉及的内容；

（6）与家长、同学的交流越来越少，与网友的交流越来越多；

（7）泡网吧的主要目的是网上聊天、玩网络游戏，甚至是浏览不良信息；

（8）为了上网甘冒风险，包括撒谎、偷窃、逃学、离家出走。

二、在头脑中筑好网络“防火墙”

（1）上网时不要公布包含自己身份的信息，主要包括：电子信箱地址、家庭地址、家庭电话号码、家庭经济状况、网上账号、信用卡账号和密码、父母的职业、自己和父母的姓名、学校的名称和地址等。小心互联网上有些不怀好意的人会写信给你，甚至直接“登门拜访”。

（2）不要在父母、老师不知道的情况下，单独去和网友会面。即使得到了父母的同意，也要选择在公共场所见面，并有父母或成年人陪同前往。

（3）如果在网上收到挑衅、攻击、淫秽、威胁等使你感到不安的信息，一定不要回应，也不必惊慌失措，要立即告诉父母或老师。

（4）不要轻易通过网络向不熟悉的人发送自己的照片，否则会给你带来麻烦。

（5）不要轻信网友的身份和甜言蜜语。记住：未经确认的网上信息都不可轻信！

（6）在通过电子邮件提供个人资料之前，要确保对方是你认识并且信任的人。

（7）父母或其他亲人不在家时，不要让网上认识的朋友来访，要提高警惕，谨防别有用心的人。

（8）不对父母、老师和好朋友隐瞒自己的网上活动，要经常与他们沟通，让他们了解自己在网上的行为，以便必要时得到及时的帮助。

三、网络自护的具体措施

（1）安装个人防火墙，以防止个人信息被人窃取。安装相关软件后，你可以选择哪些信息需要保密，这样就不会因不慎而把个人信息发到不安全的网站。这些软件还可以防止网站服务器在你察觉不到的情况下跟踪你的电子邮件地址和其他个人信息。

（2）采用匿名方式浏览。因为有的网站可能利用 cookies 跟踪你在互联网上的活动，你可以在使用浏览器的时候在参数选项中选择关闭计算机接收 cookies 的选项。

（3）在发送信息之前先阅读网站的隐私保护政策，防止有些网站将你的个人资料出售给第三方。网络隐私，即个人资料的保密性，是网络时代新的概念，要学会维护自己的网络隐私权，建议安装“隐私维护与管理”软件。

（4）要经常更换密码。据统计，很多人在使用电子邮箱时从来不换密码，这是很不安全的。密码不要使用有意义的英文单词、生日、手机号码、电话号码等容易被人猜中的信息。另外，不同账号最好不要设置相同的密码。使用包括字母和数字的 8 位数的密码，安全性较强。

（5）如果有人自称是互联网服务提供商的代表，告诉你系统出现故障，需要你的用户信息，或直接询问你的密码，千万别相信，因为真正的服务商代表是不会询问你的密码的。

（6）在网上购物时，确定你采用的是安全的链接方式。可以通过查看浏览器窗口角上的闭锁图标是否关闭来确定一个链接是否安全。

（7）如不需要文件和打印共享就把这些功能关掉。因为，这些功能会将你的计算机暴露给寻找安全漏洞的黑客，黑客一旦进入，你的个人资料就容易被窃取。

(8) 不要轻易打开来自陌生人的电子邮件附件，收到有附件的邮件后，先看看发信人是否可靠，再用杀毒软件检查一遍，最后再看看文件的长度，小心别中了“特洛伊木马”之计。

(9) 要安装必要的网络安全软件，用于堵截互联网上色情、暴力等不良信息。这类软件可以全天 24 小时搜索有关色情、暴力的信息，防止用户在利用搜索引擎的过程中搜索到不良网站、网页，断绝一切不良信息来源。

(10) 去网吧上网时要选择具有合法执照的网吧，要看它们是否具备必要的网络技术指导和服务的能力。为了你的人身安全和健康，还要看它们是否具备良好的卫生环境、消防安全设施和治安条件。

(11) 要选择合法的和内容健康的网站，特别是那些由政府、权威的社会团体和组织办的或推荐的网站。这些网站上的信息一般及时、准确，不会造成误导。健康真实的内容对于增长你的知识、开阔你的视野、提高你的素质都大有裨益。

四、建立网络行为道德规范

网络是一个虚拟的交往空间。在同一时间，这里聚集着难以统计的庞大的人群。凡是聚集人群的地方，就要遵守交往的规则。建立网络行为道德标准和相关法律并用以规范人们的网络行为极为重要。同时，这也是解决当前网络道德淡漠、增强人们网络法制观念的有效举措。

第三节　健康使用网络

我们已经进入充满生机、希望与挑战的 21 世纪，互联网正在改变着我们熟悉的世界。它不仅缩短了人们之间的距离，加快和拓宽了人们获得信息的速度和渠道，促进了全球的经济发展和文化交流，更重要的是它正在改变着人们的思维方式、工作方式和学习方式。

面对这样一个以数字化、全球化为特征的时代，青少年学生积极学习网络技术并提高应用水平有助于了解国内外大事、学习新知识，聆听世界各地优秀的教师的精彩课程，还可以丰富课余生活，而且能体验到人类文明的进程和现代的生活方式。

但是，随着网络经济、网络社会的不断发展，青少年学生中出现的一系列网络安全问题，不能不引起人们的高度重视。要解决这些问题，关键在于健康、正确地使用网络。

时下，方兴未艾的网上慈善救助、扶贫赈灾、互联互学等各种活动就是人们文明上网、构造网络道德环境的表现。

一、增强网络活动的自控意识

网络是把双刃剑，它既能给青少年学生带来“学习的革命”，给他们的学习和生活带来许多益处；同时，如果不能很好地利用网络，也会对青少年产生许多负面影响。青少年学生是网络应用的主要群体，应当自觉学习、遵守和宣传网络公约，积极、主动地利用网络提高自身素质。

二、明确上网目的，做有益的事

青少年学生应当不断地提高自身修养，明确上网的目的。我们上网的目的应该是借助网络提供的信息开阔视野、学习新知识，利用网络进行最有效的学习。如果把大好的时光和先进的信息工具用来毫无节制地玩游戏或网上聊天，就偏离了正确的上网目的，不仅耽误时间，还会影响自己健康人格的形成。

三、自觉控制上网时间

由于互联网是开放的、交互的、个性化的，网络不仅拥有丰富的信息，而且使参与网络活动的每一个成员都能平等地享有其信息。网络以它独有的魅力吸引着无数的人进入这一新奇的领域。在青少年不断从网络中吸纳信息和营养的同时，也暴露出一个亟待解决的问题，即青少年缺乏自控力的问题。不少上网的青少年朋友仅仅从个人的兴趣出发，只图一时开心，把大量宝贵的时间用于上网聊天或玩游戏，一上就是四五个小时，甚至几天不上学、不回家，由此引发出许多恶果。

青少年要充分认清沉溺于虚拟时空的危害性，在上网时间上坚持适度原则，增强自控力，以达到既能从网上获得各种有益信息又不会损害身心健康的目的。

尽管网上的世界十分精彩，但上网要有度，要有节制。青少年学生，正处于青春发育期，上网超时会有损视力，有损骨骼的生长，不利于身体的发育。

医学专家指出：青少年每天用电脑不要超过两个小时。使用电脑一小时后，最好休息几分钟，到户外活动活动身体，呼吸新鲜空气，以消除疲劳，保护视力。

四、自觉规范网上行为

青少年学生要明辨是非，规范网上行为。面对互联网中纷繁复杂的信息，青少年学生必须保持清醒的头脑，要增强判断能力，要自觉进行判断、过滤、自我防范。青少年学生还应当有效地控制自己的网上行为，规范自己的网上行为，明白网络上的违法行为与日常生活中的违法行为一样，都要受到法律的惩罚。

网上生活不遵守规则，久而久之就会影响到自己的日常行为。因此，青少年学生要做到文明上网，使自己的网络行为和网络言论符合社会与公众认同的道德规范，做一个文明、健康、守法的网上公民。

五、保证正常的学习、生活、交流与体育锻炼

网络只是我们生活中的一部分，更多的实践、知识仍然来自现实生活。青少年在畅游网络、感受信息时代的种种精彩的同时，仍要注重在学校课堂上各科知识的学习，注重日常生活中与家人、老师和同学的交流，全面发展才能促进自身素质的不断提高。

青少年要保证每天有足够的体育活动的时间。很多同学接触到网络以后就忽视了体育锻炼，这是不对的，会影响到身心的健康发展。青少年要注重体育锻炼，减少上网对于身体健康的不良影响。

六、自觉遵守《全国青少年网络文明公约》

团中央、教育部等部门发布了《全国青少年网络文明公约》，其内容可归纳为“五要”和“五不”：

（1）要善于网上学习，不浏览不良信息。

（2）要诚实友好交流，不侮辱欺诈他人。

（3）要增强自护意识，不随意约会网友。

（4）要维护网络安全，不破坏网络秩序。

（5）要有益身心健康，不沉溺虚拟时空。

第十五章　防流行病

流行病是指可以感染众多人口并能在较短的时间内广泛蔓延的传染病，如流行性感冒、脑膜炎、霍乱等。流行病可以只在某地区发生，也可以在全球范围流行。

第一节　春季流行病的防治

春季是冷暖空气频繁交汇的季节，天气多变，忽冷忽热，若不注意健康保养，很容易患上流行性疾病，以下是几种春季多发流行病的症状与预防措施。

一、流脑

流脑是流行性脑脊髓膜炎的简称，是一种经呼吸道感染和传播，由一种叫脑膜炎双球菌的细菌感染引起的疾病。它可使患者出现高热、头疼、精神减退甚至出现喷射状呕吐、嗜睡、昏迷、抽风等症状，少数患者还可出现呼吸衰竭、休克等危险情况。预防流脑要注意以下几点：

首先，由于春天是传染病的多发季节，气候冷暖不定，要注意增减衣服；尽量少去人群密集、通风效果差的场所。

其次，要保持居住环境的空气清新和流通；还要坚持锻炼身体，合理饮食，平时多喝水，多吃新鲜的水果和蔬菜。

最后，要按时预防接种流脑疫苗。

二、水痘

水痘是由水痘-带状疱疹病毒引起的急性呼吸道传染病。临床表现主要为皮肤黏膜出现斑疹、丘疹，水痘，可伴发热，体温在 38 摄氏度以上，头痛、咽痛等症状，部分病例可并发脑炎、肺炎等并发症。预防和护理措施如下：

（1）注意平时开窗通风，保持空气流通。

（2）学校应做好日常隔离消毒工作，加强晨检，及时发现并隔离患者。

（3）对易感人群亦可接种水痘减毒活疫苗以免疫预防。

（4）患者一经确诊立即在家隔离，直至全部结痂。水痘虽然症状较轻，一般都能顺利恢复，但它的传染性很强，而且水痘在目前还未普遍施行自动免疫，因此预防水痘主要靠隔离患者，尽可能避免与患者接触。

（5）发热时要让患者休息，吃富有营养、易消化的食物，要多喝开水。

（6）患者不要用手抓破痘疹，特别是注意不要抓破面部的痘疹，以免化脓感染，若病变损伤较深，有可能留下疤痕。为了防止这一情况发生，患者要把指甲剪短，保持手的清洁。

（7）患者的被褥要勤晒，衣服要清洁、宽大，防止因穿过紧的衣服和盖过厚的被子，而造成过热引起疹子发痒。

（8）个别患者可合并发生肺炎、脑炎。如发现高热不退、咳喘，或呕吐、头痛、烦躁不安、嗜睡，应及时找医生诊治。

对于春季流行病的预防，总体来说，同学们应记住以下几点：

（1）尽量少去公共场所，避免与流行病患者接触；

（2）养成良好的个人卫生习惯，勤洗头、勤理发、勤洗澡、勤换衣服、勤剪指甲，饭前便后要洗手，不吃不卫生的食品；

（3）保持环境卫生，不随地吐痰，不乱扔垃圾，教室要经常开窗通风；

（4）根据气温的冷暖增减衣服，不要太疲劳，要注意休息；

（5）要多参加户外活动，锻炼身体，增强体质。

第二节　夏季流行病的防治

夏季气温高，早晚温差较大，是急性胃肠炎和肠胃型感冒的多发季节，为了预防疾病，保障同学们的健康，现简介急性胃肠炎和肠胃型感冒的预防和治疗方法。

一、病因和传播途径

急性胃肠炎是夏秋季的常见病、多发病。这是因为温暖和潮湿的气候有利于细菌的生长。同时，在这个季节，人会有不适感，自觉疲劳，食欲下降，人体对疾病的抵抗力也随之下降。

急性胃肠炎的致病因素主要是两个：一是食用含有病原菌（主要是沙门氏菌属）及其毒素的食物；二是饮食不当，食用有刺激性的、不易消化的食物而引起的胃肠道黏膜急性炎症。得病无性别差异，一般潜伏期为 12～36 小时。

急性胃肠炎的第二个致病因素是饮食不当，正应了一句俗语，“病从口入”。有的同学在就餐时一口冷饮、一口饭；有的同学刚下体育课，一头大汗，就“牛饮”冰镇饮料。这是我们的肠胃最受不了的，很容易引起胃肠痉挛，使胃肠道黏膜急性充血、水肿，出现腹痛、呕吐和腹泻症状。

这里还要注意急性胃肠炎与食物中毒、肠胃型感冒的区别。

食物中毒有与急性胃肠炎相同的腹痛、呕吐、腹泻的症状。但是，食物中毒有几个特点，即在同一时间、同一地点、食用同一种食物，出现基本相同的症状，发病为聚集性。

肠胃型感冒主要是感冒病毒影响到胃肠功能，症状包括乏力、头晕、发烧，并伴轻微的想吐、想拉症状，而不是像急性胃肠炎那样，每天水样便腹泻多次。

二、应对措施与预防

（1）出现胃肠不适的同学应及时到正规医疗单位就医，不要自己随便买药吃，以免延误治疗和出现其他并发症；已确诊为急性胃肠炎的同学要卧床休息，注意保暖。

（2）急性期患者常有呕吐、腹泻等症状，失水较多，因此需补充液体，可供给鲜果汁、藕粉、米汤、蛋汤等流质食物，酌情多饮开水、淡盐水。

（3）为了避免胃肠道胀气现象，急性期应忌食易产气食物，并尽量减少蔗糖的摄入。应注意饮食卫生，忌食高脂肪的油煎、炸及熏、腊的食物，含纤维素较多的蔬菜、水果，以及刺激性强的饮料、食物和调味品等。

（4）规律饮食。吃饭没有规律，甚至饥一顿、饱一顿、冷一顿、热一顿，会使胃肠功能被严重削弱。有规律地进餐可形成条件反射，有助于消化腺的分泌，更利于消化。

（5）定时定量。要做到每餐食量适度，每日三餐定时，到了规定时间不管肚子饿不饿都应主动进食，避免过饥或过饱。

（6）温度适宜。饮食的温度应以“不烫不凉”为度。

（7）细嚼慢咽以减轻胃肠负担。对食物咀嚼次数越多，随之分泌的唾液也越多，对胃黏膜越能起到保护作用。

（8）饮水择时。最佳的饮水时间是晨起空腹时及每次进餐前 1 小时，餐后立即饮水会稀释胃液，用汤泡饭也会影响食物的消化。

（9）注意防寒。胃部受凉后会使胃的功能受损，故要注意胃部保暖。不要受寒，不要在进餐时喝冷饮。

（10）避免刺激。不吸烟，因为吸烟会使胃部血管收缩，影响胃壁细胞的血液供应，使胃黏膜抵抗力降低而诱发胃病。应少饮酒，少吃辣椒等辛辣食物。

（11）补充维生素 C。维生素 C 对胃有保护作用，胃液中保持正常的维生素 C 含量能保护胃部和增强胃的抗病能力。因此，要多吃富含维生素 C 的蔬菜和水果。

（12）加强锻炼，增强体质，心情舒畅，保持胃肠功能平衡。

（13）药物预防。不定期地喝一点藿香正气水，取 1/3 或 1/4 支原药，用温开水稀释后服用。

第三节　秋季流行病的防治

伴随着秋季婀娜的脚步，一些潜伏在其美丽的外表下的疾病也悄然而至。下列这些是秋季常见的流行病、多发病，请同学们注意防治。

一、感冒

秋天气候变化异常，季节转换较快，早、中、晚及室内外温差较大，呼吸道黏膜不断受到乍暖乍寒的刺激，抵抗力减弱，给病原微生物提供了可乘之机，是感冒等上呼吸道感染病的高发季节。特别是当工作环境通风不好时，感冒更容易在人与人之间迅速传播。

二、消化系统疾病

秋季病菌繁殖快，食物易腐败，是细菌性食物中毒、细菌性痢疾、大肠杆菌肠炎、冰箱性肠炎（耶尔细菌肠炎）等肠道疾病的多发季节。

秋季也是胃病的多发与复发季节，受到冷空气刺激后胃酸分泌增加，胃肠发生痉挛性收缩，抵抗力和适应性随之降低。如果防护不当，不注意饮食和生活规律，就会引发胃肠道疾病而出现反酸、腹胀、腹泻、腹痛等症状，或使原来的胃病加重。严重者还会引起胃出血、胃穿孔等并发症。

患有慢性胃炎的人要特别注意胃部的保暖，适时增加衣服，夜间睡觉时要盖好被褥，以防止腹部着凉而引发胃痛或加重旧病。还要加强运动锻炼。注意饮食调养。患病时用药必须注意以下 4 点：

（1）不能滥用抗菌药；
（2）不能贸然使用止泻药；
（3）不能乱用止痛药；
（4）不能随意换药、停药。

三、肺结核

肺结核是结核杆菌侵入肺部并引起肺部病变的呼吸道疾病，是唯一具有传染性的结核病。秋季户外活动多，容易在不知情的情况下与传染性结核病人有近距离接触而引起感染。如出现脸红、低烧、乏力、盗汗、咳嗽、吐痰等情况时，应提高警惕。

预防结核病：一是要注意不随地吐痰；二是要尽量减少在人员密集的公共场所久留；三是工作和生活区要保持通风，减少居住拥挤。

有传染性结核病人的家庭或群体也不要恐慌，只要采取正确的预防方法就能避免感染。患者的用品和卧具，阳光直射 5 分钟即可杀死病菌；患者的痰可用纸巾包起而后烧掉。

第四节　冬季流行病的防治

常见冬季流行病主要是流行性感冒。

一、冬季是流感的温床

一年四季都可能受流感病毒的攻击。不过，冬天人们更容易受到流感病毒的感染，原因是冬天天气寒冷，风势强劲，人体容易受寒，使其抵抗力减弱，病毒便乘虚而入，侵袭呼吸系统。此外，流感病毒会通过空气传播。在冬天，人们多半时间在室内活动，又因怕冷经常把窗户关闭，导致空气不流通，使人更容易感染病毒。

二、流感有别于普通感冒

流行性感冒是由流感病毒引起的急性呼吸道传染病，病原体为甲、乙、丙 3 种类型流行性感冒病毒，通过飞沫传播。临床上有急起高热、乏力、全身肌肉酸痛、眼结膜炎明显和轻度呼吸道感染症状。流感还可促使一些慢性病的急性发作，如哮喘、慢性心衰患者常因患流感而使病情恶化。流感病毒尤其是甲型病毒极易变异，往往造成暴发性流行或大流行，且发病人数多，全身症状严重。

三、预防流感的方法

由于流感尚无特效治疗药物，而人群对流感病毒又普遍易感，因此流感重在预防。预防的方法主要是：

（1）减少大型聚会或集体活动；

（2）勤洗手；

（3）注重保暖；

（4）饮食清淡；

（5）精神愉快；

（6）睡眠充足；

（7）药物预防和疫苗预防。

附　录

校园安全相关法律、法规

附录 1　中华人民共和国消防法

附录 2　中华人民共和国道路交通安全法

附录 3　中华人民共和国食品安全法

附录 4　中华人民共和国传染病防治法

附录 5　中华人民共和国计算机信息系统安全保护条例

附录 6　中华人民共和国突发事件应对法

附录 7　中华人民共和国禁毒法

参考文献

[1] 李锐，郑长江. 道路交通安全 [M]. 北京：高等教育出版社，2020.

[2] 何秉松. 青少年法制教育读本 [M]. 北京：中国民主法制出版社，2011.

[3] 巢燕，宦平. 心理健康教育读本 [M]. 3 版. 北京：中国劳动社会保障出版社，2018.

图书在版编目（CIP）数据

校园安全教育 / 施颖，陆泽恒，李辉全主编. --北京：中国人民大学出版社，2021.7
中等职业教育精品教材
ISBN 978-7-300-29666-1

Ⅰ.①校… Ⅱ.①施…②陆…③李… Ⅲ.①安全教育-职业教育-教材 Ⅳ.①X925

中国版本图书馆 CIP 数据核字（2021）第 139790 号

中等职业教育精品教材
校园安全教育
主　编　施　颖　陆泽恒　李辉全
Xiaoyuan Anquan Jiaoyu

出版发行	中国人民大学出版社		
社　　址	北京中关村大街 31 号	**邮政编码**	100080
电　　话	010－62511242（总编室）		010－62511770（质管部）
	010－82501766（邮购部）		010－62514148（门市部）
	010－62515195（发行公司）		010－62515275（盗版举报）
网　　址	http://www.crup.com.cn		
经　　销	新华书店		
印　　刷	北京瑞禾彩色印刷有限公司		
规　　格	185 mm×260 mm　16 开本	**版　　次**	2021 年 7 月第 1 版
印　　张	8	**印　　次**	2021 年 7 月第 1 次印刷
字　　数	160 000	**定　　价**	32.00 元
